COMPTE RENDU

DE

L'EXPOSITION D'HORTICULTURE

qui a eu lieu au Mans le 31 août et les 1, 2 et 3 septembre 1851

SOUS LA DIRECTION

DE LA SOCIÉTÉ D'AGRICULTURE, SCIENCES ET ARTS

DE LA SARTHE

avec la coopération de plusieurs amateurs de la localité

LE MANS

IMPRIMERIE DE MONNOYER, PLACE DES JACOBINS

—

1851

COMPTE RENDU

DE L'EXPOSITION D'HORTICULTURE

DE LA SARTHE

COMPTE RENDU

DE

L'EXPOSITION D'HORTICULTURE

qui a eu lieu au Mans le 31 août et les 1, 2 et 3 septembre 1851

SOUS LA DIRECTION

DE LA SOCIÉTÉ D'AGRICULTURE, SCIENCES ET ARTS

DE LA SARTHE

avec la coopération de plusieurs amateurs de la localité

LE MANS

IMPRIMERIE DE MONNOYER, PLACE DES JACOBINS

—

1851

COMPTE RENDU

DE

L'EXPOSITION D'HORTICULTURE

LETTRE

PAR LAQUELLE M. LE PRÉFET CHARGE LA SOCIÉTÉ D'AGRICULTURE
D'ORGANISER L'EXPOSITION.

Le Mans, 24 janvier 1851.

MONSIEUR LE PRÉSIDENT,

L'année dernière, le projet d'organisation d'une exposition d'horticulture a dû être ajourné par suite de l'impossibilité où s'est trouvé M. le Ministre de l'agriculture et du commerce de m'accorder la subvention que je lui avais demandée à cet effet.

Maintenant que le Conseil général a inscrit au budget départemental un crédit de 500 fr. pour cet objet, je viens, Monsieur le Président, accepter avec reconnaissance les offres que vous avez bien voulu me faire par votre lettre du 17 avril dernier.

Cette exposition serait préparée par le jury nommé dans votre Société, à l'aide des fonds départementaux et du produit des souscriptions que vous m'avez annoncées. Elle se tiendrait dans les bâtiments et la cour du rez-de-chaussée de la Préfecture, que j'ai eu l'honneur de vous offrir par ma lettre du 15 avril précité, en vous exposant mes vues au sujet de cette exposition.

Agréez, Monsieur le Président, l'assurance de ma considération très-distinguée.

Le Préfet,

S. MIGNERET.

A M. le Président de la Société d'Agriculture,
Sciences et Arts de la Sarthe.

RAPPORT

SUR LA DISTRIBUTION DES GRAINES POTAGÈRES FAITE PAR LA SOCIÉTÉ
AUX JARDINIERS MARAICHERS, A L'OCCASION DE L'EXPOSITION;

Par **M. DROUET,** *membre titulaire.*

MESSIEURS,

Les membres que vous avez nommés pour préparer l'exposition horticole du mois de septembre prochain, ayant pensé que vous seriez désireux de savoir ce qui s'est fait, depuis votre vote spécial d'un achat de graines potagères à délivrer aux jardiniers qui contribueraient à l'éclat de cette exposition, s'empressent de vous en rendre compte.

Grâce à l'activité qui a été déployée dans cette circonstance, les graines, demandées à M. Vilmorin, sont enfin arrivées au Mans le 9 avril, et, pour les obtenir à cette date, il a fallu une correspondance suivie et très-pressante.

Dans le choix de ces graines potagères, nous avons mis un soin tout particulier pour importer, dans la culture maraîchère de la ville du Mans et de ses environs, les espèces les meilleures et en même temps les plus nouvelles.

Afin d'obtenir ce résultat, nous avons fait appel à la longue pratique de M. Vilmorin, qui s'est empressé de diriger notre choix en nous signalant, sur son catalogue, les légumes qui, par leur qualité ou leur nouveauté, méritaient de fixer plus spécialement notre attention.

Il ne nous restait plus qu'à nous restreindre dans les limites de l'allocation que vous aviez accordée, et c'est ce que nous avons fait en demandant les vingt-huit espèces suivantes, que nous avons divisées en 619 paquets :

Céleri plein, court, hâtif, blanchissant seul; très-estimé par les maraîchers de Paris. . . . . 20 paquets.
Céleri rave ou navet. 20   id.
Laitue de Russie; très-grosse laitue d'été, supérieure à la laitue turque; elle monte très-difficilement. 25   id.
Laitue chou de Naples. 25   id.
Laitue romaine, monstrueuse, cuivrée. 25   id.
Chou de Milan doré. 25   id.
Chou de Milan Victoria; nouvelle espèce dédiée à la reine d'Angleterre. 20   id.
Chou rouge pommé gros. 30   id.
Chou gros pommé de Saint-Denis. 30   id.
Chou quintal. 30   id.
Chou de Bacalan; fort bonne espèce pommée, demi-hâtive, cloquée et d'un vert glauque comme le Milan des Vertus; espèce très-recommandée. 30   id.
Chou de Bruxelles, perfectionné. 20   id.
Chou vert glacé d'Amérique. 20   id.
Chou rave blanc, hâtif. 30   id.
Chou-fleur dur d'Angleterre. 20   id.
Chou-fleur demi-dur de Hollande. 20   id.
Poireau très-gros de Musselbourg. 20   id.
Chicorée mousse, très-fine. 25   id.
Oignon rouge de Brunswick. 20   id.

Navet noir plat... 20 paquets.
Radis rose d'hiver, de la Chine............................ 10   id.
Betterave rouge de Bassano, ronde, nouvelle............ 20   id.
Betterave rouge foncé, de Whyte......................... 20   id.
Carotte violette... 25   id.
Carotte rouge, longue, d'Altringham. 25   id.
Haricot beurre ou d'Alger................................ 22   id.
Haricot solitaire.. 30   id.
Melon Prescott. 2   id.
                                                        ——
                                                        619

Ces graines, divisées le plus possible, ainsi qu'on le voit par le nombre des paquets, mais de manière cependant à ce que chaque jardinier en eût suffisamment pour faire de notables essais, ont été remises, par M. le président, aux jardiniers dont les noms suivent.

Avant toute démarche auprès d'eux, il fut arrêté qu'en vue du plus grand intérêt de l'exposition horticole, on s'adresserait d'abord aux maraîchers les plus instruits dans leur art, et que, par esprit de justice et d'essai aussi, on les répandrait sur les divers lieux de jardinage qui entourent la ville du Mans.

Les graines ont donc été distribuées à :

MM.

Bonhommet, rue du Bourg-Belay........................ 28 paquets.
Fleuriot, maire à Saint-Pavin............................ 28   id.
Lambert, Jean, rue de la Mariette....................... 15   id.
Chevreux, René, rue du Bourg-Belay.................... 16   id.
Bachelot, à Saint-Gilles................................. 27   id.
Bonnin, à Saint-Gilles................................... 27   id.
Engoulvent, à Saint-Gilles............................... 27   id.
Husset, rue Montoise.................................... 27   id.
Richard, Louis, à la Croix-de-Pierre..................... 13   id.
Vindrin, à la Bazoge..................................... 11   id.
Basoge, rue des Mûriers, à Saint-Pavin.................. 27   id.
Le Breton, avenue de Pontlieue......................... 27   id.
Engoulvent, Marin, au Bourg-Belay...................... 27   id.
Nay, vallée de Misère..................................... 6   id.
Termeau, rue Basse...................................... 14   id.
Moncelet, rue de Coëffort................................ 26   id.
Plot, rue Basse.. 26   id.

Bourges, rue Basse................................... 12 paquets.
Chartier père et fils, rue Basse.......................... 27   id.
Plotin, au Sablon de la Couture......................... 15   id.
Aubri, à la Pelouse de la Couture........................ 15   id.
Levrard, rue Verte..................................... 13   id.
Boisard, rue Verte..................................... 13   id.
Papillon, rue Verte.................................... 13   id.
Pelouard, Constant, rue de Coëffort..................... 13   id.
Lucas fils, rue des Maillets............................ 12   id.
Husset, Eugène, rue de la Madeleine.................... 26   id.
Chevreux, rue de Clairsigny............................ 25   id.
Basoge, rue du Bourg-Belay............................ 12   id.
Ragot, Julien, à Lombron.............................. 20   id.

En tout, trente jardiniers qui ont accueilli vos dons de graines avec reconnaissance vive et entière ; et, témoignant à vos délégués combien ils étaient heureux de l'intérêt que la société d'Agriculture voulait bien prendre au développement de leur industrie, *tous* nous ont priés de vous assurer qu'ils allaient faire leurs plus grands efforts pour répondre dignement à votre appel.

RÈGLEMENT DE L'EXPOSITION.

ART. 1er L'exposition aura lieu *sous la halle aux toiles de la ville du Mans* (1) et sera ouverte gratuitement au public, le dimanche 31 août 1851 et les 1er et 2 septembre, depuis midi jusqu'à 7 heures du soir.

ART. 2. Les personnes qui désireront visiter la salle d'exposition les lundi et mardi 1er et 2 septembre, depuis 7 heures jusqu'à 10 heures du matin, y seront admises moyennant une rétribution de 50 centimes, destinée à subvenir aux frais des récompenses et aux décorations de la salle ; et dans le cas où les dispositions intérieures de l'exposition le permettraient, dès

(1) L'abondance des objets promis à l'exposition nous a obligés de choisir ce local préférablement à celui qui avait été offert par M. le préfet, dans sa lettre du 24 janvier.

le samedi soir les visiteurs pourraient être reçus aux mêmes conditions.

ART. 3. La distribution solennelle des récompenses se fera publiquement le mercredi 5 septembre, à midi, dans la salle de l'exposition, et sera suivie du tirage de la loterie dont il est fait mention à la fin du programme.

ART. 4. Le concours s'étend à tout le département de la Sarthe, les exposants restent chargés des frais de transport.

ART. 5. Un ou plusieurs membres de la commission seront toujours présents dans la salle d'exposition pendant son ouverture. Le président les désignera et règlera leurs heures de présence.

ART. 6. La réception des plantes aura lieu depuis le vendredi 29 août, à 2 heures, jusqu'au samedi à midi ; néanmoins les jardiniers-maraîchers pourront être admis jusqu'au dimanche 31 août, à 10 heures du matin.

ART. 7. Pour être admis à l'exposition, il suffira de se faire inscrire chez le président du jury, avant le 25 août, et de déclarer le nombre des objets [que l'on se propose d'exposer, afin qu'il soit possible de régler l'espace nécessaire à chacun.

Ceux qui auraient négligé de se faire inscrire ne pourraient se plaindre de la place qui leur serait laissée.

L'exposant aura la faculté de disposer à son gré ses plantes, fruits ou légumes, dans la place qui lui sera accordée.

ART. 8. Les horticulteurs pourront mettre en vente tout ou partie des objets exposés, à la condition de ne rien enlever qu'à la fin de l'exposition et seulement après la distribution des récompenses. Ils devront, en conséquence, marquer les plantes qu'ils destinent à la vente, ainsi que leur prix.

ART. 9. Avant toute aliénation des objets exposés, les commissaires composant le jury se réservent le droit de choisir parmi les plantes, arbustes, fruits ou légumes *destinés à la vente*, ceux qu'il leur conviendra d'acheter pour composer les lots de la loterie.

Les 600 billets de cette loterie sont de 50 centimes chacun et *seront tous gagnants*.

Art. 10. Il sera distribué à chacun des exposants une série de numéros correspondant aux objets à exposer. Ces numéros seront reproduits en totalité ou en partie au catalogue qui en sera fait.

Art. 11. Personne ne pourra entrer dans la salle sans avoir, préalablement, déposé entre les mains du concierge les parapluies, cannes, bâtons, etc.

Art. 12. Il est expressément défendu de toucher à aucune partie des objets exposés.

Art. 13. Il est rigoureusement interdit de fumer dans la salle ou même de s'y présenter avec un cigare allumé.

Fait et arrêté en séance, le 14 août 1851.

Les membres du jury d'exposition d'horticulture :

Ed. Guéranger, président ; Surmont, Letrone, Vétillart , Dagoneau , N. Desportes , Foulard, Becqx, de Richebourg, Tireau, Ch. Drouet, secrétaire.

Approuvé par le Préfet,   S. MIGNERET.

PROGRAMME DÉFINITIF DE L'EXPOSITION.

HORTICULTURE MARAICHÈRE.

Art. 1er Une *Médaille d'honneur, en vermeil,* offerte par la Ville du Mans, sera décernée au jardinier dont l'ensemble des cultures potagères sera jugé le plus méritant.

Celui qui aura obtenu cette médaille ne pourra être compris dans les autres concours que pour des mentions honorables.

Fruits.

Art. 2. Concours pour le plus beau des fruits présentés à l'exposition. Ce fruit devra provenir du jardin de l'exposant.

1er Prix. *Médaille d'argent.* — 2e Prix. *Médaille de bronze.*

Aᴿᴛ. 3. Concours pour la collection de fruits la plus variée
et la plus nombreuse.

1ᵉʳ Prix. *Médaille d'argent.* — 2ᵉ Prix. *Médaille de bronze.*

Aᴿᴛ. 4. Concours pour la meilleure espèce de fruits introduite nouvellement dans la culture locale.

1ᵉʳ Prix. *Médaille d'argent.* — 2ᵉ Prix. *Médaille de bronze.*

Légumes.

Aᴿᴛ. 5. Concours pour légumes de toute nature (nouveauté).

1ᵉʳ Prix. *Médaille d'argent.* — 2ᵉ Prix. *Médaille de bronze.*

Aᴿᴛ. 6. Concours pour les légumes de toute nature (beauté
et qualité).

1ᵉʳ Prix. *Médaille d'argent.* — 2ᵉ Prix. *Médaille de bronze.*

Aᴿᴛ. 7. Concours pour les légumes de toute nature (nombre
et variété).

1ᵉʳ Prix. *Médaille d'argent.* — 2ᵉ Prix. *Médaille de bronze.*

HORTICULTURE FLORALE.

Aᴿᴛ. 8. Une *Médaille d'honneur*, *en vermeil*, offerte par
la Vɪʟʟᴇ ᴅᴜ Mᴀɴs, sera décernée au jardinier-fleuriste dont
l'ensemble des cultures aura été reconnu le plus remarquable.

Ce lauréat n'aura droit, dans les autres concours, qu'à des
mentions honorables.

Plantes d'agrément.

Aᴿᴛ. 9. Concours pour les plantes de pleine terre, bulbeuses
ou autres, coupées ou en pot, en état de floraison.

1ᵉʳ Prix. *Médaille d'argent.* — 2ᵉ Prix. *Médaille de bronze.*

Aᴿᴛ. 10. Concours pour les plantes de serre, bulbeuses ou
autres, coupées ou en pot, en état de floraison.

1ᵉʳ Prix. *Médaille d'argent.* — 2ᵉ Prix. *Médaille de bronze.*

Aᴿᴛ. 11. Concours pour les plantes annuelles, coupées ou
en pot, en état de floraison.

1ᵉʳ Prix. *Médaille d'argent.* — 2ᵉ Prix. *Médaille de bronze.*

Art. 12. Concours pour la collection la plus méritante de plantes diverses de serre, fleuries ou non fleuries (plantes grasses, fougères, etc., etc.).

1er Prix. *Médaille d'argent.* — 2e Prix. *Médaille de bronze.*

Arbustes.

Art. 13. Concours pour les arbustes de pleine terre, avec ou sans fleurs.

1er Prix. *Médaille d'argent.* — 2e Prix. *Médaille de bronze.*

Art. 14. Concours pour les arbustes de serre, avec ou sans fleurs.

1er Prix. *Médaille d'argent.* — 2e Prix. *Médaille de bronze.*

Art. 15. Concours pour les arbustes de pleine terre ou de serre nouvellement introduits dans la culture locale, avec ou sans fleurs.

1er Prix. *Médaille d'argent.* — 2e Prix. *Médaille de bronze.*

Art. 16. Concours pour la collection la plus méritante, soit par le nombre, soit par la variété, d'arbustes fleuris de pleine terre ou de serre.

1er Prix. *Médaille d'argent.* — 2e Prix. *Médaille de bronze.*

Nota. La société d'Horticulture, qui vient de se constituer au Mans, offre une somme de 150 francs applicable, soit aux récompenses, soit aux frais généraux de l'exposition.

Un comité de dames patronesses, sous la présidence de Mme MIGNERET, accueillant avec bienveillance les désirs de la commission, veut bien s'occuper d'organiser une loterie dont le produit sera exclusivement employé à l'achat de fleurs, fruits et légumes pris parmi ceux qui seront exposés.

Les membres de la commission qui sont en mesure de fournir des plantes pour orner la salle de l'exposition déclarent, par avance, qu'ils renoncent aux récompenses indiquées dans le programme.

CATALOGUE GÉNÉRAL DES OBJETS EXPOSÉS.

I

ORNEMENTATION GÉNÉRALE.

M. Bougard , jardinier au Mans , désigné par le sort, a été chargé par le jury de la décoration générale de la salle. Plusieurs amateurs se sont empressés de mettre à sa disposition les plantes de leurs cultures.

M. Foulard , membre du jury, a fourni une série considérable de plantes précieuses , dont la liste sera donnée à l'article des expositions particulières ; nous signalerons néanmoins, dès à présent, un *Dasylirium gracile* **mâle** (1), ayant une tige fleurie de plus de deux mètres de hauteur, et un *Borassus flabelliformis*, d'une taille remarquable.

M. de Richebourg , membre du jury, une trentaine de forts *Orangers* destinés à former comme une avenue dans la grande nef de la salle.

M. Tireau, membre du jury, un fort bel *Aloës*, un *Ficus elastica* et nombre d'*Orangers* pour orner les deux nefs latérales.

M. Surmont , membre du jury , deux *Abutilon* d'un grand effet par leur taille exceptionnelle , et deux *Canna gigantea*.

M. Vétillart , membre du jury, un grand nombre de plantes précieuses indiquées à l'article des expositions particulières, sous le nom de son jardinier, M. Choplin ; nous signalerons, pour le moment, un *Musa Sinensis* d'un effet gracieux.

M. Aucerne , amateur au Mans , deux *Chamærops humilis*.

M. Leroy, amateur à Ste-Croix, deux très-grands *Sophora*, plusieurs *Grenadiers* de haute taille et deux *Lauriers-roses*.

______

(1) Cette plante, connue vulgairement sous le nom de *Bonapartea gracilis*, est appelée à compléter la notice intéressante que vient de publier M. le docteur Planchon sur les deux individus *femelles* qui ont fleuri cette année chez M. Van Houtte.

M. Le Besle, amateur au Mans, plusieurs *Fuchsia* et quelques-unes des *Clématites* de sa riche collection.

M. Le Gendre, amateur à Coulaines, un *Myrthe* taillé en éventail, ayant trois mètres de hauteur et deux mètres de largeur.

M. Bonhommet, amateur au Mans, un *Phormium tenax* d'une dimension peu ordinaire.

M. Chauvel, amateur au Mans, un *Datura arborea* en pleine floraison.

M. Berault, jardinier de M. de Nicolaï, à Montfort, une colonne et deux pyramides revêtues de *Dahlia* et de *Reines-Marguerites*.

Plusieurs *Lauriers-roses*, chargés de fleurs, ont été fournis par MM. Busson, à Saint-Gilles; Launay, place Saint-Pierre, et Crié, concierge de la mairie du Mans.

M. Bougard a complété la décoration par ses *Achimenes* et un beau choix de ses *Verveines*.

II

EXPOSITIONS PARTICULIÈRES.

HORTICULTURE FLORALE.

CATALOGUE des plantes d'agrément, dressé et mis en ordre par M. N. Desportes, *membre titulaire de la société d'Agriculture, Sciences et Arts de la Sarthe, et du jury de l'exposition* (1).

M. TASSIN,

Horticulteur-fleuriste, rue des Bons-Enfants, à Sainte-Croix.

Æchmea discolor.	Coffea Arabica.
— fulgens.	Colocasia odorata.
Maranta atro-sanguinea.	Lopezia macrophylla. *Jehlia Fu-*
— zebrina.	Cyrtanthera magnifica. [*chsioides.*
Ruellia maculata.	Artocarpus Imperialis.
— Sabini.	Melastoma.....

(1) Nous plaçons à la tête de ce catalogue les deux exposants qui ont obtenu, *ex æquo*, la médaille d'honneur offerte par la ville du Mans; les autres noms seront indiqués suivant l'ordre alphabétique.

Rogiera elegans.
Phyllarthron Bojerianum.
Rivinia lævis.
Ravenala Madagascariensis.
Æschynanthus grandiflorus.
Lopimia malacophylla.
Rhexia holosericea.
Rhodostoma Gardenioides.
Strelitzia Reginæ.
Cypripedium venustum.
— insigne.
— barbatum.
Tillandsia splendens.
— zonata, fusca.
— viridis.
Polymnia grandis.
Phænix dactylifera.
Duranta Baugmardi.
Spathodea gigantea.
Caladium grandiflorum.
— violaceum.
Tradescantia discolor.
— zebrina.
Guzmannia tricolor.
Rondeletia speciosa, *major*.
Cyperus Papyrus.
Cycas revoluta.
Torenia Asiatica.
Cyrtoceras reflexa,
Oreodoxa regia.
Gesneria zebrina.
— splendens.
Sipauea violacea.
Heliotropium *Triomphe du faubourg*.
Croton pictum.
Coccoloba pubescens.
Tremandra verticillata.
Polypodium Quercifolium.
Pteris longifolia.
Aspidium pubescens.
Acrostichum alcicorne.
Adianthum tenerum.
— concinnum.
— pubescens.
Lycopodium stoloniferum.
Begonia argyrostigma. *Maculata*.
— Carolinixfolia.
— cinnabarina.
— diversifolia.
— Fuchsioides.
— alba.
— Hydrocotylefolia.
— superba.
— incarnata.
— luxurians.
— manicata.
— palmata.
— parvifolia.
— Peponifolia.
— sanguinea.
— semperflorens.
— zebrina.
Achimenes Baumannii, *cordata*.
— coccinea.

Achimenes Escheriana.
— sanguinea.
— grandiflora.
— hirsuta.
— longiflora, *latiflora*.
— alba.
— Leibmannii.
— picta.
— rosea.
— Tugweliana.
Amicia zygomeris.
Dracæna Draco.
— cernua.
— terminalis.
— variegata.
— ferrea.
— marginata.
— Brasiliensis.
— fragrans?
— australis.
Gloxinia, Reine des Belges.
— Mme Bourgeois.
— cœlestina.
Siphocampylus Betulæfolius.
— nitidus.
Justitia Macdonaldi.
Samolus littoralis.
Melianthus, *major*.
Polygonum complexum. *Phyllopo-*
Aralia trifoliata.   [*dium.*
Aspidistra lurida.
— variegata.
Erica cubica.
— Bowiana.
— Cerinthoides.
— mammosa, purpurea.
— verticillata.
Crowea Saligna.
Brugmansia Knigthii, plena.
Grevillea Absinthifolia.
— Manglesii.
— Thelemannii.
Veronica Andersonii.
Fuchsia nigricans.
— 24 *variétés nouvelles*.
Teucrium Marum.
Vitis arborea. *Ampelopsis*.
Tagetes lucida.
Rudbeckia Drummondii.
Westringia longifolia.
Poinciana Gilliesii.
Pelargonium tetragonum.
— Edina.
— Beauty of walstagem.
— Abbé Berlèze.
— Reine des Français.
— Mazeppa superba.
Lobelia, 5 *variétés*.
Mimulus, 11 *variétés*.
Verbena, 56 *variétés hybrides*.
Petunia, 18 *variétés hybrides*.
Phlox acuminata et suffruticosa,
23 *variétés*.
Araucaria excelsa.

Araucaria imbricata. *Chilensis.*
— Brasiliensis.
Cryptomeria Japonica.
Penstemon cordifolium.
Aucuba Japonica, *latimaculata.*
Pontederia cordata.
Apios tuberosa.

Campanula..... *Amérique.*
— rhomboidæa, *plena.*
Linnæa borealis.
Witidenia trilobata.
Rosa Anemonæflora. *Chine.*
Deux petits jardins portatifs plantés en Verveines et Petunia.

M. BOUGARD,

Horticulteur-fleuriste et pépiniériste, rue du Sépulcre, 20, au Mans.

Achimenes atro-sanguinea.
— candida.
— Escheriana.
— Gotherii.
— Herii.
— Jauregia.
— Liebmannii.
— longiflora.
— multiflora.
— picta.
— Rienzi.
— Tugwelliana.
— venusta.
Amaryllis grandiflora. *Brunswigia.*
Aralia trifoliata.
Arbutus Andrachne, *floribunda.*
— rubra.
Acacia floribunda.
— Pinifolia.
Arctotis grandiflora.
— alba.
— rosea.
Abelia floribunda. *Vesalea.*
— triflora.
Ardisia Japonica. *Bladhia.*
Abutilon arboreum. *Album.*
Androsace lanuginosa.
Anemone Japonica, *hybrida.*
Aucuba Japonica, *latimaculata.*
Babiana plicata.
Buxus Alepensis.
Bignonia capreolata.
— picta.
— speciosa.
Beaufortia decussata.
Boronia serrulata.
Brunia nodiflora.
Beckea pendula.
Berberis macrophylla.
Brachysema platyptera.
Bouvardia leiantha.
Brugmansia Knigthii, *plena. Datura.*
Ceanothus thyrsiflorus. *Divaricatus.*
— dentatus.
— papillosus.
— integerrimus.
— grandiflorus.

Cupressus Ericoides.
— elegans.
— Nepalensis.
— torulosus.
— Himalayensis.
Cephalotaxus..., *species nova.*
Callicoma serratifolia
Cerasus Caroliniana.
Clethra macrophylla.
Callicarpa Americana.
Cissus antarcticus.
Canna discolor.
— gigantea.
Chorizema Ericoides.
— lancifolia.
— oppositifolia.
Cestrum aurantiacum.
Cryptomeria Japonica.
Corynocarpus lævigatus.
Coleonema pulchrum.
Cistus Algarvensis.
Calothamnus longissimus.
Cytisus incarnatus.
Clématis Japonica.
— indivisa, lobata.
— Novæ-Zelandiæ.
— Smilacifolia.
Calycanthus macrophyllus.
Chimonantus fragrans. *Calycanthus*
Cerasus Caroliniana.   [*præcox.*
Chironia Fischeri.
Cnicus diacanthus. *Cirsium.*
Catalpa nana.
Cotoneaster Buxifolia.
Cassia Bonariensis.
Cordyline vivipara.
Cheiranthus Marshallii.
Conoclinium janthinum.
Cantua dependens.
Duvaua dependens.
Deutzia crenata.
— gracilis.
— sanguinea.
— staminea.
Diclytra spectabilis. *Dicentra.*
Diplacus puniceus. *Mimulus.*
Erica blanda.

3

Erica mammosa, *coccinea.*
— purpurea.
— rosea.
— verticillata.
— Cerinthoides.
— *major.*
— cylindrica, *superba.*
— Boweana.
— Hendersonii.
— culcia.
— eruta.
— Lambertia.
— Partenelli.
— pyramidalis.
— ovata.
— assurgens.
— nitida.
— Linnea, *varia.*
— cupressina.
— sulphurea.
— Lawrencii.
— retorta, *major.*
Eupomatia Laurina.
Eupatorium micranthum.
Escallonia coccinea.
— floribunda.
— macrantha.
— Montevidensis.
— stenopetala.
Evonymus Hallerii.
— fimbriatus.
— tingens.
Eutaxia Myrtifolia. *Dillwynia.*
Euphorbia Breonii.
Eranthemum bicolor.
Forsythia viridissima.
Ficus Japonica.
— Morifolia.
— scandens.
Frenela australis. *Callitris.*
Fuchsia globosa, *pallida.*
— grandiflora, *alba.*
— corymbiflora, *alba.*
— fulgens.
— nigricans.
— serratifolia, *alba.*
— spectabilis.
— venusta.
— Syringæflora.
— 60 var. *hybrides, dont 45 nouv.*
Goldfussia anisophylla. *Ruellia.*
Grevillea Absinthifolia.
— Manglesii.
— Lawrencii.
— pubescens.
— sulphurea.
Gesneria macrantha.
— zebrina.
Gelsemium nitidum. *Bignonia.*
Gerardia elongata.
Hoitzia coccinea.
Hackea florida.
— Oleifolia.
Hedera Rogeriana. *Ragneriana.*

Heimia Salicifolia. *Nesœa.*
Hibbertia volubilis. *Dillenia.*
Hydrangea pubescens.
Hypocalyptus cordatus.
Hypericum Rosmarinifolium.
Hoya carnosa. *Asclepias.*
Ilex Dahoun.
— gigantea.
— cymosa.
— latifolia.
Indigofera decora.
— Dosua.
Juniperus Oxycedrus.
Jasminum Nepalense. *Heterophyllum.*
— ochroleucum.
Kennedya Andomarensis.
— ovata.
— inophylla.
— nigricans.
Laurus Indica.
— nobilis, crispa.
Lonicera brachypoda.
— Magnevillea.
— Caprifolium, *Batavicum.*
Lomatia Ilicifolia.
Ligustrum Sinense.
Lopezia macrophylla. *Jehlia Fuch-*
Lantana delicatissima.   [*sioides.*
— Sellowiana.
— Camara.
Melia Azedarach.
Myoporum glabrum.
— parvifolium.
— pictum.
Myrsine Africana.
— undulata.
Myrtus bullatus.
— tenuifolius.
Mandevilla suaveolens.
Melaleuca coronata.
— pulchella.
Morus rubra.
Moræa fimbriata. *Iris.*
Maranta zebrina.
Mitraria coccinea.
Olea fragrans.
— nigra.
— Russica. *Olivier d'Odessa.*
— Salicifolia.
Oxylobium arboreum.
Ononis rotundifolia.
Pelargonium..., 20 var. *nouvelles.*
Polygala Heisteri.
Pimelea Verschaffeltiana.
Pinus insignis.
Psoralea bituminosa.
Pultenæa Linifolia.
— stricta.
Plumbago Capensis.
— alba.
Philadelphus Mexicanus.
Podocarpus latifolia.
— yacca.
Platycodon grandiflorum. *Campanula*

Platylobium Murrayanum.
Piper verticillatum.
Phlox acuminata, } 13 *var. nouv.*
— suffruticosa, }
Photinia glabra, *grandidentata. Cra-*
Pinus palustris. *Australis.* [*tægus.*
Quercus annulata.
— Boweana.
— confertifolia.
— glabra.
— virens, *heterophylla.*
— lanata.
— rugosa.
— spicata.
— pedunculata, *variegata.*
Raphiolepis Indica. *Cratægus.*
Rubus Molucanus.
Rhus Japonica.
Rhamnus Oleifolius.
— Californicus.
Russelia juncea.
Siphocampylus Orbiniensis.
Solanum pyracanthum.
Selago fasciculata.
— Gilliesii.
Selaginella cœsia, *arborea.*
Schinus Molle.
Salvia Gesneriæflora.
— confertiflora.
— patula.

Schaueria calycotricha. *Justitia.*
Serissa fœtida, *plena. Lycium.*
Scilla Peruviana.
— alba.
Teucrium maritimum.
Taxus adpressa. *Cephalotaxus.*
Taxodium sempervirens.
— Nepalense.
Trymalium candidum.
Tetranthera ferruginea.
Tasmannia aromatica.
Tagetes lucida.
Tremandra Hugelii.
— verticillata.
Urtica Trianthemoides.
Viburnum Japonicum.
— suspensum.
Vaccinium nitidum.
Weigelia Meddenfortii. *Lutea.*
— rosea.
Westringia grandiflora.
Veronica speciosa, rubra.
— Andersonii. *Danielsii.*
— Salicifolia.
— Lindleyana.
Wisteria violacea. *Glycine.*
Verbena..., 100 *var.*, *dont* 40 *nouv.*
Dahlia, 100 *variétés, dont* 45 *nouv.*
Xanthosia rotundifolia.

M. BEAUVAIS,

Horticulteur et champignoniste, rue du Greffier, 16, au Mans.

Nierembergia filicaulis.
Mimulus moschatus.
Plumbago Larpentæ.
Alonzoa elegans. *Urticæfolia.*
Oxalis floribunda. *Rosea.*
Campanula rhomboidæa, *plena.*
Heliotropium Peruvianum.
— Voltairianum.
— *Triomphe de Liége.*

Fuchsia serratifolia, *multiflora.*
Funkia subcordata. *Hemerooallis.*
Bignonia grandiflora.
— Jasminoides.
Vinca rosea.
— alba.
Veronica Salicifolia.
Citrus Sinensis.
Hæmanthus coccineus.

M. BEREAU,

Jardinier-fleuriste chez M. le comte de Nicolaï, à Montfort.

Celosia cristata, *major.*
Schizanthus retusus.
Cleome pungens?
Antirrhinum majus, *plusieurs var.*

Hortensia Opuloides, *cærulea.*
Canna Indica.
Amaranthus, *deux espèces alimen-*
[*taires, de la Chine.*

Roses coupées, *plusieurs variétés.*
Bromelia Ananas.
—   de la Martinique ou com-
—   Mont-Serrat.   [mun.
—   Comte de Paris.

Bromelia Ananas. Reine de Moscou·
—   Cayenne à feuilles lisses.
—   Providence.
—   Enville.

M. BERGEOT,

Horticulteur-fleuriste et pépiniériste, rue de l'Abbaye, 25, et rue de Ballon.

Bouvardia leiantha.
Cantua pyrifolia. *Lobbii.*
Budleia Lindleyana.
Lonicera Japonica.
— Caprifolium, *Belgicum.*
Penstemon cordifolium.
Anemone Japonica, *hybrida.*
Lophospermum scandens.
—   *albo-guttatum.*
Lantana delicatissima.
Eutaxia Myrtifolia. *Dillwynia.*

Fuchsia, 11 *variétés.*
Petunia, 12 *variétés.*
Leonotis Leonurus. *Phlomis.*
Verbena, 15 var. *nouvelles.*
Rochea coccinea. *Crassula.*
—   Louis Bonaparte.
—   Mme Angelina.
Dahlia, 25 var. *nouvelles.*
Rosa,   *id.*   *id.*
Phlox acuminata, } 12 *variétés.*
—   suffruticosa, }

M. BORDERON,

Horticulteur-maraîcher et fleuriste, rue des Maillets, 5, au Mans.

Callistephus hortensis, *Reine-Mar-*
—   double.   [*guerite.*
—   Anémone ou à tuyaux.
—   naine hâtive.
—   pyramidale, 20 *variétés.*

Fuchsia corallina.
Heliotropium, *Triomphe de Liége.*
Punica Granatum.
—   *Grenadier de La Porte.*

M. BOURGETEL,

Jardinier chez M. le marquis de GOURGES, *à Biars, commune de Commerveil.*

Mamillaria hamata.
— acanthoplegma. *Leucocephala*
— Brongniartii.
— crucigera.
— senilis.
— supertexta.
— pycnacantha.
— cephalophora.

Mamillaria setosa.
— gracilis.
— elephantidens.
— formosa, *lævior.*
— longihamata.
— Jenkii.
— intertexta.
— ruficeps.

Mamillaria Schiedana.
— Ludowigii.
— gigantothele.
— nivea.
— lanata.
— cristata.
— cristata, *minor*.
— Scolymoides.
— polyedra.
— gladiata.
— viridis.
— pyrocephala.
— acanthothele.
— tentaculata, *albida*.
— stella aurata.
— elegans.
— gracilis.
— Celsiana.
— Parkinsonii.
— Jenkii.
— cirrhifera.
— longimamma.
— grandiflora.
— angularis.
Echinocactus macrodiscus.
— erioceras.
— astrophyton.
— Californicus.
— Ourselianus. *Multiflorus.*
— obvallatus.
— Lecanus.
— Ottonis.
— anfractuosus.
— Courantii.
— dolichacanthus.
— Coulterius.
— acutissimus.
— Pepinianus.
— Saglioni.
— Cachetianus.
— Jayanus.
— nigrispina.
— formosus, *rubrispina.*
—   albispina.
— pectinatus.
— foveolatus.

Echinocactus Treculianus.
— Mirbelii.
— ebenacanthus.
— Karwinskii.
— electracanthus.
— Vanderæyi.
— tuberculatus.
— Monvillii.
— longehamatus.
— pycnoxiphus.
— Pfeifferi.
— Gourguei.
— cornigerus.
— pluricostatus.
— scopa.
— candidus.
— robustus.
— filosus.
Echinopsis obliqua.
— Decaisniana.
— multiplex.
Leuchtenbergia Principis.
Anhalonium prismaticum. *Retusum.*
Cereus intricatus.
— gladiatus.
— pycnacanthus.
— gemmatus.
— roridus.
— Olfersii.
— Jamacaru. *Glaucus.*
— Baumannii.
— Peruvianus.
— monstruosus.
Pilocerus senilis.
— militaris.
— jubatus.
— polylaphus.
Apteranthes Gussoniana. *Stapelia.*
Euphorbia polygona.
— Canariensis.
— meloformis.
— grandidens.
— trisulcata.
— triangularis.
— glomerata.

M. CHOPLIN,

Jardinier chez M. VÉTILLART, *membre du jury, à Pontlieue.*

Achimenes Baumannii, *cœrulea.*
— Bechmannii, *ardens.*
— latiflora.
— longiflora.
— picta.
— patens.
Andropogon Nardus.

Andropogon squarrosus. *Vetiver.*
Colletia spinosa. *Ferox.*
Acacia trinervia.
— cultriformis.
Gloxinia rubra, *major.*
Talauma pumila. *Magnolia.*
— Candollei.

Schinus Molle.
Mimosa pudica. *Sensitive.*
Æchmea fulgens.
Æschynanthus Paxtoni.
Pitcairnia Altensteinii.
   — ringens.
Tillandsia splendens.
   — gigantea.
   — zonata.
   — viridifolia.
Puya Altensteinii.
Billbergia rhodocyanea.
   — Morelianea.
   — vittata.
Agalmyla staminea.
Cupania grandiflora.
Gesneria zebrina, *splendens.*
Medinilla eximia.
   — speciosa.
Gossypium herbaceum.
Grevillea Absinthifolia.
Bouvardia leiantha.
Musa Sinensis.
Maranta albo-lineata.
   — vittata. *Cayenne.*
   — rosea-lineata.
Yucca Aloefolia, *variegata.*
   — tricolor.
   — filamentosa.
   — glauca.
Xenopoma obovatum. *Micromeria.*
Lilium longiflorum.
Cucurbita... , Courge pleine de Na-
Echites nobilis, *splendens.* [ples.
Polypodium aureum.
Stephanotis floribunda.
Mandevilla suaveolens.
Centradenia floribunda.
Eriostemon Myoporoides.
Cercis Japonica.
Hoya bella.
   — Imperialis.
Phyllartron platycodon.

Barbacenia Rogierii.
Dipteracanthus scandens.
Ismene calathina.
Gonoclinium janthinum.
Crinum cruentum.
   — erubescens.
Persea gratissima. *Laurus.*
Selaginella cæsia, arborea. *Lycopo-*
Viburnum macrocephalum. [*dium.*
   — suspensum.

ORCHIDÉES.

Ærides cornutum. *Odoratum.*
Bifrenaria atropurpurea.
Brassia Lanceana.
   — Lawrenceana.
Cattleya Mossiæ.
Cypripedium barbatum.
   — insigne.
   — roseum.
   — venustum.
Cyrotchilum leucochilum.
Dendrobium chrysanthum.
   — fimbriatum.
   — nobile.
   — pulchellum. *Buxifolium.*
Gongora odoratissima.
Lycaste aromatica.
   — gigantea.
   — Skinneri.
Oncidium ampliatum, *majus.*
   — Papilio.
Ontoglossum grande.
   — læve.
Sobralia macrantha.
Stanhopea Devoniensis.
   — eburnea.
   — insignis.
   — tigrina.
Vanda teres.
Zygopetalum crinitum.

M. DELHOMMEAU, Victor,

Horticulteur-fleuriste, allée de Coudoie, à Sainte-Croix.

Fuchsia, *var. hybrides nouvelles :*
   — Admiration.
   — Longipes.
   — Louise Miellez.
   — Mme Haquin.
   — Mme Lebois.

Fuchsia Mazeppa.
   — Duchesse de Bordeaux.
   — Général Oudinot.
   — Triomphe.
   — Corymbiflora, alba.

M. DAVID DIT JASMIN,

Horticulteur-fleuriste et pépiniériste, rue de la Fuie, à Sainte-Croix.

Ilex Dahoun.
— Cunninghami.
— latifolia.
— Paraguaiensis.
— vomitoria.
Photinia glabra. *Cratægus.*
— grandidentata.
Raphiolepis Indica. *Cratægus.*
Laurus nobilis, *crispa.*
— *Salicifolia.*
— tomentosa.
Clematis Andersonii.
— heterophylla.
— Viticella, *rubra.*
— florida. *Indica, plena.*
— bicolor.
— azurea.
Atragene Alpina.
Teucrium maritimum.
Lonicera Caprifolium, *Batavicum.*
— discolor.
Broussonetia papyrifera, *dissecta.*
Morus rubra.
Ficus Carica, *Morifolia.*
Andromeda floribunda.
— coriacea.
Arbutus Andrachne, *floribunda.*
— rotundifolia.
Maclura anrantiaca, *femina.*
Garrya elliptica.
— laurifolia.
Prunus Lauro-Cerasus, *Colchica.*
Vaccinium Sprengelii.
Hydrangea pubescens.
Bignonia præcox.
Paulownia imperialis.
Mahonia glumacea.
— Fortunei.
Catalpa nana. *Bignonia.*
Paliurus aculeatus. *Rhamnus.*
Weigelia rosea.
Gleditschia Bujoti. *Pendula.*
Eriobotrya Japonica. *Mespilus.*
Styphrolobium Japonicum. *Sophora.*
— pendulum.
Betula alba, *pendula.*
— laciniata.
Quercus annulata.
— rubra.
Juniperus Oxycedrus.
Taxodium Nepalense.
— Sinense.
— sempervirens.
Cryptomeria Japonica.
Pinus insignis.
Cunninghamia Sinensis. *Abies.*

Cupressus torulosa.
— Lambertiana.
— elegans.
— Ericoides.
Araucaria Brasiliensis.
— imbricata.
Taxus adpressa. *Cephalotaxus.*
— fastigiata. *Hibernica.*
Cedrus Deodora.
Abies Pinsapo. *Picea.*
Ulmus Americana.
— fulva.
— pyramidalis.
Viburnum rugosum.
— Japonicum. *Awafuki.*
Aristotelia Macqui, *variegata.*
Olea Salicifolia.
— Russica. *Olivier d'Odessa.*
— nigra.
— fragrans.
Cerasus Caroliniana.
Sterculia Platanifolia.
Psoralea bituminosa.
Escallonia rubra.
— floribunda.
— Montevidensis.
— macrantha.
Evonymus Americanus.
— angustifolius.
Tilia Americana.
— Europæa, *aurea.*
— laciniata.
Melia Azedarach.
Hypericum Nepalense.
Cistus Algarvensis.
Acacia dealbata.
— viscosa.
— Julibrizin.
Cassia Bonariensis.
Hedera Roegneriana.
Cestrum aurantiacum.
Solanum glaucophyllum.
— pyracanthum.
— Quitense.
— Jasminoides.
Rubus rotundifolius.
Tetranthera Japonica.
Yucca Aloefolia, *variegata.*
Swainsonia Coronillaefolia. *Colutea.*
— alba.
Myrtus bullata.
— rubra.
— tenuifolia.
Jasminum ochroleucum.
Veronica Andersonii.
Kennedya Andomarensis.

Burchelia Capensis.
Callicoma serratifolia.
Schinus Molle.
Prostanthera lasianthus.
Alona cœlestis.
Erythrina crista galli, *versicolor*.
Bouvardia leiantha.
Lebretonia coccinea.
Chorisema Ericoides.
Justitia splendens.
Lantana Camara.
 — delicatissima.
 — Sellowiana.
Fimbriaria elegans.
Adenandra glauca.

Corynocarpus lævigatus.
Aralia pinnata.
Passiflora alata.
Abutilon arboreum. *Album*.
Ligustrum Nepalense. *Spicatum*.
Trymalium odoratissimum.
Hypocalyptus obcordatus.
Anemone Japonica, *hybrida*.
Ornithogalum longibracteatum.
Agrostis elegans.
Nierembergia filicaulis.
Gaura Lindheimeriana.
Cœlestina azurea. *Ageratum*.
Tagetes signata.

M. FOULARD,

Amateur au Mans, membre du jury.

Punica Granatum, plenum.
 — albiflorum.
 — plenum.
 — angustifolium.
Nerium, *var. des N. Oleander et In-*
 — purpureum, plenum. [*dicum:*
 — coccineum.
 — splendidissimum.
 — macrophyllum.
 — grandiflorum, *plenum*.
 — Ragonotji.
 — pulcherrimum.
 — Fonscolombianum, *plenum*.
 — Mabiri.
 — cupræum.
 — luteum.
 — multiflorum.
 — atropurpureum.
 — Henrici V.
Agave Americana. ⎫
 — luteo marginata. ⎬ Individus remarquables par leur taille.
 — luteo striata. ⎪
 — filifera. ⎭
Aloe saponaria, *variegata*.
 — Rainwaldji.
 — maculata.
Gasteria nigricans, crassifol. *Aloe*.
Cactus grandiflorus.
 — Smithii.
Cereus Peruvianus , *monstruosus*.
 Individu portant un rameau
 à l'état normal.
Crambe maritima.
Bonapartea juncea. *Agave*.
 — filifera.
 — gracilis. *Individu portant une*
 hampe fleurie de 2 m. 30 c.
Yucca Draconis, *quadricolor*.

Casuarina Nepalensis.
Physianthus undulatus.
Edwarsia microphylla. *Sophora*.
 — grandiflora.
Grewia occidentalis.
Banksia verticillata.
Fabricia lævigata.
Quercus chrysophylla.
Anthocercis picta.
Carlwodia congesta.
Agonis marginata.
Beckea virgata.
Freylinia lanceolata.
Melaleuca Hypericifolia.
Lycium Fuchsioides.
Sparmannia Africana, *nana*.
Pittosporum eriocarpum.
Mahonia tenuifolia.
 — Fortunei.
 — trifoliata.
Berberis Ahuruacensis.
Tetranthera ferruginea.
 — Japonica.
Stravesia glaucescens.
Ullucus tuberosus.
Phytolacca esculenta.
Acrostichum alcicorne.
Davallia Canariensis.
Euphorbia antiquorum.
Poinsettia pulcherrima. *Euphorbia*.
Canna gigantea.
Desmodium gyrans. *Hedysarum*.
 — nutans.
Panax arborea.
Evonymus fimbriatus.
 — Japonicus, *fol. pictis*.
Cercis Japonica.
Schotzia speciosa.

Schotzia Asparagoides.
—— floribunda, *pendula*.
Borassus flabelliformis.
Phænix dactylifera.
Chorisanthera atrosanguinea.
Sinninghia purpurea.
Maranta albo-lineata.
Achimenes longiflora.
—— latifolia.
—— alba.
— grandiflora.
—— coccinea, lilacina.
— striata.
— Escheriana.
Ilex ciliata.
—— Daboun.
—— Cassine, *angustifolia*.
Lantana multiflora, excelsa.
Ceanothus dentatus.

Acacia platyptera.
Deerhingia Amershi, *variegata*.
Callicarpa Americana.
Statice octopetala.
Myrsine undulata.
Aralia trifoliata.
Gloxinia discolor.
—— hybrida.
—— speciosa, *Cartoni*.
—— insignis.
—— candida.
—— pallida.
—— maxima, *Leopoldina Thun*.
—— Wendlandi.
—— Pressii, *Godefroy de Bouillon*
—— Daphne.
Lobelia decussata.
Genista Rodophini.

M. FREULON dit LAROSE,

Horticulteur-fleuriste, rue Belon, 21, au Mans.

Reine-Marguerite, 15 *variétés*.
Zinnia elegans, *violacea*, 6 *variétés*.
Gomphrena globosa.
— alba.
Lobelia fulgens.
Dracocephalum Virginianum. *Phy-*
Stevia ovata. |*sostegia.*
— purpurea.
Helichrysum bracteatum. Xeranthe-
—— albidum. |*mum.*
—— macranthum.
Petunia nyctaginiflora. *Nicotiana*.
—— violacea, *diverses variétés obtenues par l'exposant, 1851*.

Asclepias angustifolia.
Salvia barbata.
Calliopsis tinctoria. *Coreopsis*.
Fuchsia globosa.
— gracilis.
—— 3 *var. hybrides*.
Tropæolum minus, *plenum*.
Verbena Chamædryfolia. *Melindres*.
—— Twediana.
—— Teucrioides.
— Aubletia.
— venosa. *Rugosa*.
— 10 *var. hybrides*.

M. GUIBERT,

Horticulteur-fleuriste, rue Sainte-Croix, 6, à Sainte-Croix.

Asclepias angustifolia.
Bignonia præcox.
Brugmansia bicolor, sanguinea.
— Knightii, plena.
—— suaveolens. *Datura*.
Dracæna australis.
Convolvulus Cneorum.
Hypericum Balearicum.
Hedychium coronarium.
Myoporum parvifolium.

Mahernia incisa.
Polygonum complexum. *Rotundifo-*
Pelargonium, 40 *variétés*.   [*lium.*
Salvia Chamædryoides.
Sedum Sieboldii.
Solanum Dulcamara, *albo-varieg.*
Statice mucronata.
Verbena..., *plusieurs variétés nouv.*
— radicans.
Veronica formosa.

4

Zauschneria Californica.
Heliotropium Guibertianum , var.
hybride à feuilles crispées, obtenue
par l'exposant, 1851.

Urtica Trianthemoides.
Fuchsia, *plusieurs var. nouvelles.*
Xenopoma obovatum.

M. LEBATTEUX,

Horticulteur-fleuriste et pépiniériste, rue de Tessé, 4, au Mans.

Araucaria imbricata.
Cedrus Deodora.
Pinus adunca.
Taxodium sempervirens.
Magnolia grandiflora, *Oxoniensis.*
— rotundifolia.
— subrotundifolia.
— præcox.
— Yulan.
Fagus sylvatica, *purpurea.*
Colletia spinosa. *Ferox.*
Lagerstroemia Indica.
Poinciana Gilliesii.
Daubentonia Tripetiana.
Crowea saligna.

Cassia nodosa.
Acacia vestita.
— cultriformis.
— lophantha.
Fuchsia , 20 *variétés.*
Rosa , 15 *variétés.*
Petunia violacea , 20 *variétés, semis*
de 1851.
Pelargonium , *plusieurs variétés ,*
dont une nouvelle obtenue par
l'exposant.
Gladiolus Gandavensis.
Cyclamen Europæum.
Lycopodium denticulatum.

M. LEFEBVRE , Louis,

Amateur , rue de l'Étoile , au Mans.

Strelitzia juncea.
Siphocampylus glandulosus.
Gloxinia speciosa.
Hæmanthus coccineus.

Achimenes rosea.
— Liebmannii.
Lilium lancifolium, album. *Brous-*
— roseum.   *[sarti.*

M. LEROUX , Julien ,

Horticulteur-fleuriste, rue Belon, 17, au Mans.

Cyclamen Europæum.
Lilium lancifolium , album.
— rubrum.
Acacia vestita.
— cultriformis.
Phlox acuminata. *Decussata.*

Phlox Princesse Marie.
Jasminum Poiteau.
Gladiolus Gandavensis.
Asclepias angustifolia.
Fuchsia globosa.

M. MOULIN, Aîné.

*Horticulteur-fleuriste et pépiniériste, Quai de la rive droite de la Sarthe,
au Mans.*

Citrus sinensis. *Bigaradia*.
Statice Dicksoni.
— echinacea.
— latifolia.
— monopetala.
— purpurea.
— Reversiana.
Armeria pseudo-Armeria. *Statice*.
Salvia Gesneriæflora.
— xanthina.
— splendens. *Colorans*.
Plumbago Capensis. *Cœrulea*.
— Larpentæ.
Gomphocarpus fruticosus. *Asclepias*
Hibiscus esculentus. *Gombo*.
— Cameroni.
— Rosa-Sinensis.
Chrysanthemum pinnatifidum.
Cestrum aurantiacum.
— elegans.
Lantana violacea.
Sphæralcea umbellata. *Malva*.
Swainsonia Grayana.
Lonicera Japonica. *Sinensis*.
— discolor.
— splendida.
Fabiana imbricata.
Lopezia villosa.
Lycium Fuchsioides.
Gesneria elongata.
Polygala acuminata.
— Chamæ-Buxus.
Cantua bicolor.
Coleonema pulchrum. *Diosma*.
Passiflora Belotii.
— Hartwegii.
— shropana.
Pimelea Nieppergiana.
— spectabilis.
— Verschaffeltii.
Piqueria trinervia.
Thitonia splendens.
Escallonia Organensis.
Chironia floribunda.
Cassia Bonariensis.
Malvaviscus arboreus. *Achania*.
Brugmansia Knigthii, *plena. Datura*.
Maurandia Emeryana.
Leonotis Leonurus. *Phlomis*.
Eugenia australis.
Arduinia bispinosa.
Angelonia pubescens.
Nerium Fonscolombianum.
Bouvardia triphylla. *Houstonia*.

Clerodendrum fragrans, *pleniflorum*.
— purpureum. *Japonicum*.
Acacia frondosa.
Verbena, *plusieurs variétés hybrides
obtenues par l'exposant*.
Lippia citriodora. *Verbena*.
Gardenia florida.
— radicans.
Daphne odora. *Indica*.
— rubra.
— Delphini.
— Fortunei.
Agathea Amelloides. *Cineraria*.
Hyoscyamus aureus.
Candollea cuneiformis. *Hibbertia*.
Tournefortia Heliotropioides.
Magnolia grandiflora.
— præcox.
— Maillardierensis.
— umbrella. *Tripetala*.
— macrophylla.
— Thompsoniana.
— Yulan. *Conspicua*.
— Soulangiana.
— Nordbertiana.
— speciosa.
— Alexandrina.
— discolor. *Purpurea*.
— kobus. *Gracilis*.
— fuscata.
Broussonetia papyrifera, *hetero-*
Bignonia grandiflora. [*phylla*.
— radicans, *purpurea*.
Hedera Helix, *arborea*.
Juglans regia, *laciniata*.
— heterophylla.
Paliurus aculeatus.
Carpinus Betulus, *laciniata*.
Wisteria frutescens. *Glycine*.
— Sinensis.
Cissus quinquefolia. *Ampelopsis*.
— heterophylla, *variegata*.
Cotoneaster microphylla.
— affinis.
Cytisus racemosus.
Betula alba, *laciniata*.
— nigra.
Alnus glutinosa, *laciniata*.
Fagus sylvatica, *pendula*.
— albovariegata.
— Asplenifolia.
— cristata.
— purpurea.
— latifolia.

Quercus pedunculata, *albovariegata*.
— macrophylla.
— Louctii.
— laciniata.
Æsculus Hippocastanum, *fl. pleno*.
— variegatum.
— dissectum. *Pavia?*
— rubicundum, *luteovarieg.*
Pavia rubra. *Æsculus.*
— lutea.
— discolor.
— macrostachya. *Edulis.*
Cercis Siliquastrum, *jaspideum*.
Amygdalus Orientalis. *Argentea.*
Styphrolobium Japonicum, *pendu-*
[*lum. Sophora.*
Sorbus aucuparia, *pendula*.
— heterophylla.
Populus Græca, *pendula*.
— Tacamahaca.
Fraxinus excelsior, *pendula*.
— albovariegata.
— aurea.
— crispa. *Atrovirens.*
— Juglandifolia.
— Ornus.
Acer macrophyllum.
— Pensylvanicum, *striatum*.
— Pseudo-Platanus, *variegatus*.
— Platanoides, *lacinialum*.
— Neapolitanum, *oblusum*.
Buldeleia Lindleyana.
Chimonanthus fragrans. *Calycan-*
— grandiflorus. [*thus.*
Gleditschia Bujoti.
Cerasus Lauro-Cerasus, *Colchica*.
Genista Germanica.
— tinctoria, *plena*.
— scoparia, *variegata*.
Spartianthus Junceus. *Genista.*
— flore pleno.
Ligustrum Japonicum, *variegatum*.
Hibiscus Syriacus, *variegatus*.
Cratægus Oxyacantha, *variegata*.
Rhododendrum Ponticum.
— atro-virens, *varieg.*
— Nazaretinum.
— jaspideum.
Evonymus Japonicus, *albovarieg.*
— luteovarieg.
Daphne Mezereum.
— album.
— Cneorum, *variegatum*.
Cryptomeria Japonica.
Cedrus Deodora.
— Libani.
— Africana. *Atlantica.*
Pinus Canariensis.
— palustris. *Australis.*
Abies Clanbrasiliana.
— Webiana. *Spectabilis.*
— Morinda. *Pindrow.*
Cupressus funebris.
— torulosa, *viridis*.

Cephalotaxus adpressa. *Taxus.*
Thuya Sinensis.
— Tatarica.
— Warreana.
Juniperus nana.
— Virginiana, *pendula*.
— tetragona.
Chionanthus Virginica.
Hydrangea altissima.
— involucrata.
Rosa.

HYBRIDES REMONTANTES.

— Pie IX.
— Berenger.
— Mme Oger.
— Comtesse Bath.
— Mme Fremion.
— Amiral Cécile.
— Colardeau.
— Duplessis-Mornay.
— William Griffith.

PERPÉTUELLES.

Rosa Cœlina Dubos.
— Gilbert Plater.
— Joséphine Robert.
— Anne de Bretagne.
— Charles Boissière, etc., etc.
Syringa vulgaris, *plena*.
— Rothomagensis. *Chinensis.*
— Sangeiana, *rubra*.
— Persica, *pennata*.
— Emodi.
— Josikæa.
Lilium lancifolium, *album*.
— rubrum.
— punctatum.
Aster bicolor.
Diclytra spectabilis.
Rudbeckia hirsuta.
— Drummondii.
Saponaria officinalis, *purpurea pl.*
Coreopsis verticillata.
Fragaria indica. *Duchesnea.*
Clematis tubulosa. *Mongolica.*
Physostegia virginica. *Dracocepha-*
— grandiflora. [*lum.*
— imbricata.
Arundo Donax, *variegata*.
Euphorbia sylvatica, *variegata*.
Alyssum saxatile, *variegatum*.
Veronica spicata, *variegata*.
Ajuga reptans, *variegata*.
Lychnis dioica, *alba plena*.
Asclepias incarnata.
— tuberosa.
Gaillardia picta, *Drummondii*.
— Cyaniflora.
— aristata.
Gaura Lindheimeriana.

Dahlia variabilis :
— Fraindensbote.
— Mme Soutis.
— Schiller.
— Primerose invincible.
— Anacréon.
— Purity.
— Mme Hulmann.

Dahlia Gasparine.
— Empereur de Maroc.
— Triomphe de Bagnolet.
— Comte de Chambord.
— Pie IX.
— Gaiety Dood.
— Lady Grenville.
— Elde von Elsterthal, etc., etc.

M. MOULIN, Eugène.

Horticulteur-fleuriste, ruelle Saint-Martin, au Mans.

Fuchsia microphylla.
— fulgens.
— corymbosa.
— alba.
— serratifolia.
— alba.
— Syringæflora.
— globosa.
— *12 variétés hybrides.*
Myrtus Romana, variegata. *M. Mâle.*
— Italica *variegata.*
— Tarentina, aurea, *M. doré.*
— Jaspidea, *M. jaspé.*
— mucronata, *M. Sarriete.*
— naviformis, *M. nacelle.*
— multiplex, *M. double.*
— Boetica, *M. de Mahon.*
— angustifolia, *M. Fouché.*
Anthyllis Dorycnium.
Calceolaria, *3 espèces.*
Mahernia incisa.
Leucocarpus alatus.
Davallia Canariensis.
Pelargonium, *plusieurs variétés.*
Gaillardia picta.
Alonzoa elegans.
Swainsonia Coronillæfolia.
Zauchneria Californica.
Malva Creeana.
Genista radiata.
Stevia Lindleyana.
Anagallis grandiflora.
Conoclinium cœlestinum. *Eupato-*
Lobelia fulgens.   [*rium.*
— Erinus.
Sollya heterophylla. *Billardiera.*
Pittosporum Tobira, *variegata.*
Lantana, *3 espèces.*
Plumbago Capensis.
— Larpentæ.
Calystegia pubescens, *plena.*
Polygonum complexum.
Eugenia australis.
Polygala grandiflora.

Nerium Oleander, } *diverses var.*
— Indicum,   }
Punica nana.
Justitia carnea.
Tropæolum minus, *plenum.*
Asclepias Curassavica.
Phylica Ericoides.
Magnolia fuscata.
Pimelea decussata.
Cuphea ptatycentra.
Daphne odora, *rubra.*
— Delphini.
Hedychium coronarium.
Humea elegans. *Calomeria.*
Clianthus puniceus.
Cestrum aurantiacum.
Rochea falcata. *Crassula.*
Mesembryanthemum deltoides.
— micans.
— album?
— hispidum?
Cobæa scandens.
Hoya carnosa. *Asclepias.*
Isotoma axillaris.
Iochroma tubulosum. *Habrotham-*
Arundo Donax, *variegata.*   [*nus.*
Taxus adpressa.
Ceanothus thyrsiflorus. *Divaricatus.*
Broussonetia papyrifera, *hetero-*
                              phylla.
Jasminum geniculatum. *Gracile.*
— variegatum.
— Ligustrifolium. *Glaucum.*
— Poiteau.
Sedum Sieboldi.
Rivinia lævis.
Nierembergia filicaulis.
Silene maritima, *plena.*
Rudbeckia hirsuta.
Calamintha Corsica. *Thymus.*
Aubrietia deltoidea. *Alyssum.*
Alyssum maritimum, *Canariense.*
Cotoneaster Thymifolia.

M. NAY.

Horticulteur-fleuriste, rue de la Vallée de Misère, au Mans.

Myoporum parvifolium.
Anemone Japonica.
Gardenia florida.
Sedum populifolium.
Cobæa scandens.

Veronica Salicifolia.
Pelargonium zonale.
—   Napoléon.
—   Lucia rosea.

M. PELLIER, ALFRED,

Amateur , à Sainte-Croix.

Astilbe rivularis.
Alstrœmeria Brasiliensis.
— Errembaulti.
— psistacina.
Amaryllis Belladona.
Anemopsis Californica.
Anemone Japonica, *hybrida.*
Antennaria triplinervis.
Antirrhinum Asarina.
Apios tuberosa.
Campanula rhomboidæa, *plena.*
Coreopsis grandiflora.
Cornus Canadensis.
Cynoglossum longiflorum. .
Delphinium Sinense, *plenum.*
—   album.
—   Iveryanum.
Diclytra spectabilis. *Dicentra.*
— formosa.
Elymus arenarius.
Gaura Lindheimeriana.
Helenium Californicum.
Lobelia insignis.
— longifolia.
— lutea.
— ramosa.
— sanguinea.
— splendidissima.
— thapsoidea.
Myosotis Azorica.
Nuttalia grandiflora.
Potentilla Autwerpiensis.
Rudbeckia Drummondii.
Scolopendrium officinarum, *undu-*
Scutellaria macrantha. | *latum.*
Statice Fortunei.
— scoparia.
Chelone glabra. *Obliqua.*
—   alba.
— speciosa, *major.*

Penstemon azureus.
— argutus.
— *Thimisteri.*
— barbatus. *Chelone.*
— albus.
— cyananthus.
— campanulatus.
— elegans.
— pulchellus.
— violaceus.
— centranthifolius. *Chelone.*
— Cobæa?
— cordifolius.
— crassifolius.
— diffusus.
— Digitalis.
— Gentianoides.
— glandulosus. *Mexicanus.*
— Gordoni.
— Hartwegi. *Gentianoides, hor-*
— coccineus.   [*tulanorum.*
— roseus.
— albus.
— atropurpureus.
— splendidus.
— formosus.
— Pellieri.
— Clusii.
— cœrulescens, *variété nouvelle obtenue par l'expo-
sant, 1851, et cédée depuis
à M. Miellez.*
— Murrayanus.
— nemorosus.
— ovatus.
— procerus.
— pubescens.
— Salvatori.
— Scouleri.
— speciosus.

Brachycome Iberidifolia.
Cosmos bipinnatus.
    —   purpureus.
Ipomæa kermesina.
Scyphanthus elegans.
Schyzanthus retusus.
Abies spectabilis.
Frenela pendula.
Juniperus Bermudiana.
Pinus Pallablanco.
Cassia Bonariensis.
Ceanothus azureus.
Dioclea Glycinoides.
Jasminum Hymalayense.
Itea racemosa.
Viburnum suspensum.
Bouvardia coccinea.
   — leiantha.
Browallia speciosa.
Cantua pyrifolia.
Chirita Sinensis.
Clethra macrophylla.
Cuphea carminata.

Cuphea Danielsi.
  — miniata.
  — coccinea, *splendens*.
Diplacus puniceus.
Hovea Celsii.
Hæmanthus coccineus.
Heliotropium corymbosum.
Lantana Mexicana.
  — mutabilis.
Pimelea Verschaffelti.
Phyllocladus Trichomanoides.
Salvia compacta.
Urtica Trianthemoides.
Yucca tricolor.
Dichorizandra thyrsiflora.
Duranta Bonardii.
Echites? *La Havane*.
Impatiens platypetala.
Mikania violacea.
Porphyrocoma lanceolata.
Siphocampylus coccineus.
Limnocharis Humboldtii.

M. PICHON,

Jardinier chez M. GUILLOUD, *à Villiers (commune de Vivoin).*

Araucaria Brasiliensis.
Abies picea, *excelsa*.
  — Clambrasiliana.
  — pectinata, *S. de Normandie*.
  — Pinsapo, *Cephalonica*.
  — Webiana, *spectabilis*.
  — Canadensis.
  — alba, *Sapinette blanche*.
  — cærulescens, *Sap. bleue*.
  — Morinda, *Pindrow*.
  — picta, *Sibirica*.
  — balsamea, *Baumier de Gilead*.
Pinus sylvestris.
  — Scotica.
  — maritima, *pinaster*.
  — laricio.
  — Austriaca, *nigricans*.
  — pinea, *P. Pignon*.
  — Halepensis, *P. de Jérusalem*.
  — mitis, *P. jaune*.
  — rigida.
  — insignis.
  — Canariensis.
  — strobus, *P. de Weymouth*.
  — Cembra. *Cembro*.
  — Hamiltonii.
Cunninghamia Sinensis. *Abies lan-*
Cedrus Libani. |*ceolata*.
  — Deodora. *Deodara*.
Larix Europæa, *vulgaris*.
  — Americana, *microcarpa*.

Cupressus fastigiata, *pyramidalis*.
  — horizontalis, *expansa*.
  — glauca. *Libani*.
Taxodium distichum. *Cyprès chauve*.
Juniperus communis.
  — Suecica.
  — Sabina, Tamariscifolia, *var*.
  — Virginiana, *Cèdre de Virginie*.
  — thurifera. *Hispanica*.
  — Gossainstanea. *Bedfordiana*.
  — repanda.
  — Sinensis.
Taxus baccata.
  — fastigiata. *Pyramidalis*.
Thuya occidentalis.
  — orientalis.
  — Nepalensis.
  — pendula. *Filiformis*.
Citrus Bigaradia.
  — Bigarrade aigresso.
  — cornue.
  — corniculée.
  — d'Espagne.
  — étoilée.
  — à feuilles panachées.
  — à feuilles de Saule.
  — à fleurs doubles.
  — riche dépouille.
  — Turque.
  — Bergamia.
  — Bergamote à fleurs doubles.

Citrus Mellarosa Bergamia.
— Aurantium.
— Oranger doux.
— de Portugal.
— rouge.
— de Malthe.
— Lumia.
— Poire du Commandeur.
— Limonium.
— Limon balotin.

Citrus commun.
— Limonium, *Pérette de Flo-*
— Medica. [*rence.*
— Citronnier à mamelle.
— de Tarascon.
— Cédrat à fruits lisses.
— Cédrat poncire.
— Decumana.
— Pampelmouse.
— Chadec.

M. POIRIER-ANGEARD,

Horticulteur-pépiniériste, rue du Bon-Pasteur, au Mans.

Hæmanthus coccineus.
Salisburia Adianthifolia (*Ginkgo*).
Ulmus crispa.
Æsculus Hippocastanum, *laciniatum*
Mimosa sensitiva.
Orangers.

Bigaradiers.
Citronniers.
Cedratiers.
Quatre Sensitives.
Un Ormeau à feuilles particulières.

M. VINDRIN,

Horticulteur-fleuriste et pépiniériste à la Bazoge.

Roses coupées :

PERPÉTUELLES.

Rose Bernard.
— Blanche Vibert.
— du Roi, à fl. pourpre.
— ébène.
— Génie de Chateaubriand.
— Joasine Hanet.
— Laurence de Montmorency.
— Léonide Leroy.
— Sydonie.

BENGALES.

— Alphonse.
— Baronne Prévost.
— Citoyen des deux Mondes.
— Comtesse Duchâtel.
— Duchesse de Nemours.
— Jacques Lafitte.
— Louis Bonaparte.
— Léonie Le Brun.
— Mᵐᵉ Aimée.
— Mᵐᵉ Damesme.
— Mᵐᵉ Guillot.
— Mᵐᵉ Molorquer.
— Marquis d'Ailsa (dʳ *Marx*).
— Marquise Boccella.
— Prince Albert.
— Van Mons.

THÉ.

— Fragrans.

Rose Souvenir d'un ami.

BOURBON.

— Borboniana.
— Charles Souchet.
— Coupe de Cynthie.
— De Tourville.
— Deuil du duc d'Orléans.
— Docteur Hardouin.
— Dupetit-Thouars.
— Duchesse de Normandie.
— Guillaume le Conquérant.
— Henri Lecoq, *duc d'Estrées.*
— Jaquart.
— Julie de Fontenelle.
— Mᵐᵉ Nérard.
— Margat jeune.
— Manteau de Jeanne d'Arc.
— Oscar Leclerc.
— Pourpre parfait.
— Proserpine.
— Rhodante.
— Souvenir de la Malmaison.

NOISETTES.

— Noisettiana.
— Lamarque.
— Ophirie.
— Solfatare.
— microphylla.

Six roses de semis obtenues par l'exposant.

III

PLANTES D'ORNEMENT.

LISTE ALPHABÉTIQUE.

Abelia floribunda.
— triflora.
Abies alba.
— *cœrulescens.*
— balsamea.
— Canadensis.
— Clambrasiliana.
— Morinda.
— pectinata.
— picea.
— pichta.
— Pinsapo.
— spectabilis.
— Webiana.
Abutilon arboreum.
Acacia Asparagoides.
— dealbata.
— cultriformis.
— floribunda.
— *pendula.*
— frondosa.
— Julibrizin.
— lophantha.
— Pinifolia.
— platyptera.
— trinervia.
— vestita.
— viscosa.
Acer macrophyllum.
— Neapolitanum.
— Pensylvanicum.
— Platanoides.
— Pseudo-Platanus, *variegatus.*
Achimenes atrosanguinea.
— Baumannii, *cordata.*
— *coccinea.*
— candida.
— coccinea, *lilacina.*
— *striata.*
— Escheriana.
— *sanguinea.*
— grandiflora.
— *Liebmannii.*
— Herii.
— hirsuta.
— jauregia.
— longiflora, *alba.*
— *latifolia.*
— multiflora.
— picta.
— Rienzii.
— rosea.
— *Guntherii.*

Achimenes Tugwelliana.
— venusta.
Acrostichum alcicorne.
Adenandra glauca.
Adianthum concinnum.
— pubescens.
— tenerum.
Æchmea discolor.
— fulgens.
Aërides cornutum.
Æschynanthus grandiflorus.
— Paxtoni.
Æsculus Hippocastanum, *plenum.*
— *dissectum.*
— *variegatum.*
— rubicundum, *luteovariegat.*
Agalmyla staminea.
Agave Americana.
— *luteomarginata.*
— *luteostriata.*
— filifera.
Agathea Amelloides.
Agonis marginata.
Agrostis elegans.
Ajuga reptans, *variegata.*
Aloe maculata.
— Rainwaldii.
— saponaria, *variegata.*
— fimbriata.
Alona cœlestis.
Alonzoa elegans.
Alnus glutinosa, *laciniata.*
Alstroemeria Brasiliensis.
— Errembaulti.
— psittacina.
Alyssum maritimum, *Canariense*
— saxatile, *variegatum.*
Amaranthus.....
Amaryllis Belladona.
— grandiflora.
Amicia zygomeris.
Amygdalus orientalis.
Anagallis Philipsi.
Andromeda coriacea.
— floribunda.
Andropogon Nardus.
— squarrosus.
Androsace lanuginosa.
Anemone Japonica, *hybrida.*
Anemopsis Californica.
Angelonia pubescens.
Antennaria triplinervis.
Anthalonium prismaticum.

Anthocercis picta.
Antirrhinum majus.
— Asarina.
Anthyllis Dorycnium.
Apios tuberosa.
Apteranthes Gussoniana.
Aralia pinnata.
— trifoliata.
Araucaria Brasiliensis.
— excelsa.
— imbricata.
Arbutus Andrachne, *floribunda.*
— *rotundifolia.*
— *rubra.*
Arctotis alba.
— grandiflora.
— rosea.
Ardisia Japonica.
Arduinia hispinosa.
Aristolelia Macqui, *variegata.*
Armeria Pseudo-Armeria.
Artocarpus imperialis.
Arundo Donax, *variegata.*
Asclepias angustifolia.
— Curassavica.
— incarnata.
— tuberosa.
Aspidistra lurida.
— *variegata.*
Aspidium pubescens.
Aster bicolor.
Astilbe rivularis.
Atragene Alpina.
Aubrietia deltoidea.
Aucuba Japonica, *latimaculata.*

Babiana plicata.
Banksia verticillata.
Barbacenia Rogierii.
Beaufortia decussata.
Beckea pendula.
— virgata.
Begonia argyrostigma.
— Caroliniæfolia.
— cinnabarina.
— diversifolia.
— Hydrocotylefolia.
— *superba.*
— Fuchsioides.
— *alba.*
— incarnata.
— luxurians.
— manicata.
— palmata.
— parvifolia.
— Peponifolia.
— sanguinea.
— semperflorens.
— zebrina.
Berberis Ahuruacensis.
— macrophylla.
Betula alba, *laciniata.*
— *pendula.*
— nigra.

Bifrenaria atropurpurea.
Bignonia capreolata.
— grandiflora.
— Jasminoides.
— picta.
— præcox.
— radicans, *purpurea.*
— speciosa.
Billbergia Moreliana.
— rhodocyanea.
— vittata.
Bonapartea juncea.
— *filifera.*
Borassus flabelliformis.
Boronia serrulata.
Bouvardia coccinea.
— leiantha.
— triphylla.
Brachycome Iberidifolia.
Brachysema platyptera.
Brassia lanceana.
— Lawrenceana.
Bromelia Ananas.
— *Cayenne à feuilles lisses.*
— *Comte de Paris.*
— *De la Martinique.*
— *Enville.*
— *Mont-Serrat.*
— *Providence.*
— *Reine de Moscou.*
Broussonetia papyrifera, *dissecta.*
Browallia speciosa.
Brugmansia bicolor.
— Knightii, *plena.*
— suaveolens.
Brunia nodiflora.
Budleia Lindleyana.
Burchelia Capensis.
Buxus Alepensis.

Caladium grandiflorum.
— violaceum.
Calamintha Corsica.
Calceolaria.....
Callicarpa Americana.
Callicoma serratifolia.
Calliopsis tinctoria.
Callistephus hortensis.
— *Anemonæflorus.*
— *nanus præcox.*
— *plenus.*
— *pyramidalis.*
Calothamnus longissimus.
Calycanthus macrophyllus.
Calystegia pubescens, *plena.*
Campanula rhomboidea, *plena.*
— ...... (*Amérique*).
Candollea cuneiformis.
Canna discolor.
— gigantea.
— Indica.
Cantua bicolor.
— dependens.

Cantua pyrifolia.
Carlwodia congesta.
Carpinus Betulus, *laciniata.*
Cassia Bonariensis.
— nodosa.
Casuarina Nepalensis.
Catalpa nana.
Cattleya Mossiæ.
Ceanothus dentatus.
— grandiflorus.
— integerrimus.
— papillosus.
— thysiflorus.
Cedrus Africana.
— Deodora.
— Libani.
Celosia cristata, *major.*
Cephalotaxus.... *Sp. nova.*
Cerasus Caroliniana.
— Lauro-Cerasus, *Colchica.*
Cercis Japonica.
— Siliquastrum, *jaspideum.*
Cereus Baumannii.
— gemmatus.
— gladiatus.
— grandiflorus.
— intricatus.
— Jamacaru.
— pycnacanthus.
— Olfersii.
— Peruvianus.
— roridus.
— Smithii.
Cestrum aurantiacum.
— elegans.
Chamærops humilis.
Cheiranthus Marschallii.
Chelone glabra.
— speciosa.
Chimonanthus fragrans.
— grandiflorus.
Chionanthus Virginica.
Chirita Sinensis.
Chironia Fischeri.
— floribunda.
Chorisanthera atrosanguinea.
Chorizema Ericoides.
— lancifolia.
— oppositifolia.
Chrysanthemum pinnatifidum.
Cissus Antarctica.
— heterophylla, *variegata.*
— quinquefolia.
Cistus Algarvensis.
Citrus Aurantium.
— *Oranger doux.*
— *de Malthe.*
— *de Portugal.*
— *rouge.*
— Bergamia.
— *Bergamote à fl. double.*
— *Mellarosa.*
— Bigaradia.
— *Bigarade aigresso.*

Citrus Bigaradia, *cornue.*
— *corniculée.*
— *d'Espagne.*
— *étoilée.*
— *feuilles panachées.*
— *feuilles de Saule.*
— *fleurs doubles.*
— *riche-dépouille.*
— *turque.*
— Decumana.
— *Chadec.*
— *Pampelmouse.*
— Limonium.
— *Limon balotin.*
— *commun.*
— *Pérette de Florence.*
— Lumia.
— *Poire de Commandeur.*
— Medica.
— *Cédrat à fruits lisses.*
— *Poncire.*
— *Citronnier mamelle.*
— *de Tarascon.*
— Sinensis.
Clematis Andersonii.
— azurea.
— florida, *plena.*
— *bicolor.*
— heterophylla.
— indivisa, *lobata.*
— Japonica.
— Novæ Zelandiæ.
— Smilacifolia.
— tubulosa.
Cleome pungens?
Clerodendrum fragrans, *pleniflo-*
— purpureum.   [*rum.*
Clethra macrophylla.
Clianthus puniceus.
Cnicus diacanthus.
Cobœa scandens.
Coccoloba pubescens.
Cœlestina azurea.
Coffea Arabica.
Coleonema pulchrum.
Colocasia odorata.
Conoclinium cœlestinum.
— Janthinum.
Convolvulus Cneorum.
Cordyline vivipara.
Coreopsis grandiflora.
— verticillata.
Cornus Canadensis.
Corynocarpus lævigatus.
Cosmos purpureus.
— bipinnatus.
Cotoneaster affinis.
— Buxifolia.
— microphylla.
— Thymifolia.
Crambe maritima.
Cratægus Oxyacantha, *variegata,*
Crinum cruentum.
— erubescens.

Croton pictum.
Crowea Saligna.
Cryptomeria Japonica.
Cunninghamia Sinensis..
Cupania grandiflora.
Cuphea carminata.
— Danielsi.
— miniata.
— *coccinea splendens.*
— platycentra.
Cupressus elegans.
— Ericoides.
— fastigiata.
— funebris.
— glauca.
— Himalayensis.
— horizontalis.
—, Lambertiana.
— Nepalensis.
— torulosa.
— *viridis.*
Cycas revoluta.
Cyclamen Europæum.
Cynoglossum longiflorum.
Cyperus Papyrus.
Cypripedium barbatum.
— insigne.
— roseum.
— venustum.
Cyrtanthera magnifica.
Cyrtoceras reflexa.
Cyrtochilum leucochilum.
Cytisus incarnatus.
— racemosus.

Dahlia variabilis.
— *Anacréon.*
— *Comte de Chambord.*
— *Elde von Elstherthal.*
— *Empereur de Maroc.*
— *Gaiety dood.*
— *Gasparine.*
— *Lady Grenville.*
— *Fraindensbote.*
— *Mme Hulmann.*
— *Mme Soutif.*
— *Primerose invincible.*
— *Purity.*
— *Pie IX.*
Daphne Cneorum, *variegatum.*
— Delphini.
— Fortunei.
— Mezereum, *album.*
— odora.
— *rubra.*
Dasylirium gracile, *Bonapartea.*
Daubentonia Tripetiana.
Dawallia Canariensis.
Deerhingia Amershi, *variegata.*
Delphinium Sinense, *album.*
— *plenum.*
— *Iveryanum.*
Dendrobium chrysanthum.
— fimbriatum.

Dendrobium nobile.
— pulchellum.
Desmodium gyrans.
— nutans.
Deutzia crenata.
— gracilis.
— sanguinea.
— staminea.
Dichorisandra thyrsiflora.
Diclytra formosa.
— spectabilis.
Dioclea Glycinoides.
Diplacus puniceus.
Dipteracanthus scandens.
Dracæna australis.
— Brasiliensis.
— cernua.
— Draco.
— ferrea.
— fragrans?
— marginata.
— terminalis.
— *variegata.*
Duranta Baumgardi.
— Bonardii.
Duvaua dependens.

Echinocactus acutissimus.
— anfractuosus.
— astrophyton.
— Cachetianus.
— Californicus.
— candidus.
— cornigerus.
— Coulterius.
— Courantii.
— crioceras.
— dolichacanthus.
— ebenacanthus.
— electracanthus.
— filosus.
— formosus, *albispina.*
— *rubrispina.*
— foveolatus.
— Gayanus.
— *nigrispina.*
— Gourguei.
— Karwinskii.
— Leanus.
— longehamatus.
— macrodiscus.
— Mirbelii.
— Monvillii.
— obvallatus.
— Ottonis.
— Ourselianus.
— pectinatus.
— Pfeifferi.
— Pepinianus.
— pluricostatus.
— pycnoxiphus.
— robustus.
— Saglioni.
— scopa.

Echinocactus tuberculatus.
— Treculianus.
— Vanderaeyi.
Echinopsis Decaisniana.
— multiplex.
— obliqua.
Echites.....
— nobilis, *splendens*.
Elymus arenarius.
Edwarsia grandiflora.
— macrophylla.
Eranthemum bicolor.
Erica assurgens.
— blanda.
— Boweana.
— Cerinthoides.
— *major*.
— cubica.
— culeia.
— Cupressina.
— cylindrica, *superba*.
— eruta.
— Hendersoni.
— Lambertiana.
— Lawrencii.
— Linnæana, *varia*.
— mammosa, *coccinea*.
— *rosea*.
— *purpurea*.
— *verticillata*.
— nitida.
— ovata.
— Partenelli.
— pyramidalis.
— retorta, *major*.
— sulphurea.
Eriobotrya Japonica.
Eriostemon Myoporoides.
Erythrina crista galli, *versicolor*.
Escallonia coccinea.
— floribunda.
— macrantha.
— Montevidensis.
— Organensis.
— stenopetala.
Eugenia australis.
Eupatorium micranthum.
Euphorbia antiquorum.
— Brevonii.
— Canariensis.
— glomerata.
— grandidens.
— meloformis.
— polygona.
— sylvatica, *variegata*.
— triangularis.
— trisulcata.
Eupomatia Laurina.
Eutaxia Myrtifolia.
Evonymus Americanus.
— angustifolius.
— fimbriatus.
— Hallerii.
— Japonicus, *albo variegatus*.

Evonymus Japonicus, *luteovarieg*.
— *foliis pictis*.
— tingens.

Fabiana imbricata.
Fabricia lævigata.
Fagus sylvatica, *albo variegata*.
— *Asplenifolia*.
— *cristata*.
— *latifolia*.
— *pendula*.
— *purpurea*.
Fimbriaria elegans.
Ficus Carica, *Morifolia*.
— elastica.
— Japonica.
— scandens.
Forsythia viridissima.
Fragaria Indica.
Fraxinus excelsior, *albo variegata*.
— *aurea*.
— *crispa*.
— *juglandifolia*.
— *pendula*.
— Ornus.
Frenela australis.
— pendula.
Freylinia lanceolata.
Fuchsia corallina.
— corymbiflora, *alba*.
— fulgens.
— globosa.
— *grandiflora, alba*.
— *pallida*.
— gracilis.
— microphylla.
— nigricans.
— serratifolia, *alba*.
— *multiflora*.
— spectabilis.
— Syringæflora.
— venusta.
Funkia subcordata.

Gaillardia aristata.
— picta.
— *Cyaniflora*.
Gardenia florida.
— radicans.
Garrya elliptica.
— Laurifolia.
Gasteria nigricans, *crassifolia*.
Gaura Lindhemeriana.
Gelsemium nitidum.
Genista Germanica.
— radiata.
— Rodophini.
— scoparia, *variegata*.
— tinctoria, *plena*.
Gesneria elongata.
— macrantha.
— zebrina.
— *splendens*.
Gladiolus Gandavensis.

Gleditschia Bujoti.
Gloxinia cœlestina.
— discolor.
— *hybrida.*
— macrophylla, *Daphné.*
— *Reine des Belges.*
— maxima, *Leopoldina Thun.*
— pallida.
— Pressii, *Godefroy de Bouillon.*
— rubra, *major.*
— speciosa.
— *candida.*
— speciosa *Cartonii.*
— *insignis.*
— Wendlandii.
— Mme Bourgeois.
Goldfussia anisophylla.
Gongora odoratissima.
Gomphocarpus fruticosus.
Gomphrena globosa.
— *alba.*
Gossypium herbaceum.
Grevillea Absinthifolia.
— Lawrencii.
— Manglesii.
— pubescens.
— sulphurea.
— Thelemannii.
Grewia occidentalis.
Guzmannia tricolor.

Hackea florida.
— Oleifolia.
Hæmanthus coccineus.
Hedera Helix, *arborea.*
— Roegneriana.
Hedychium coronarium.
Heimia salicifolia.
Helenium Californicum.
Heliotropium Peruvianum.
— *corymbosum.*
— *Guibertianum.*
— *Triomphe de Liége.*
— *Triomphe du faubourg.*
— *Voltairianum.*
Helichrysum bracteatum.
— *albidum.*
— *macranthum.*
Hibbertia volubilis.
Hibiscus Cameroni.
— esculentus.
— Rosa Sinensis.
— Syriacus, *variegatus.*
Hoitzia coccinea.
Hortensia Opuloides, *cœrulea.*
Hovea Celsii.
Hoya bella.
— carnosa.
— Imperialis.
Humea elegans.
Hydrangea altissima.
— involucrata.
— pubescens.
Hyoscyamus aureus.

Hypericum Balearicum.
— Nepalense.
— Rosmarinifolium.
Hypocalyptus obcordatus.

Ilex Cassine, *angustifolia.*
— ciliata.
— Cunninghami.
— cymosa.
— Dahoun.
— gigantea.
— latifolia.
— Paraguaiensis.
— vomitoria.
Impatiens platypetala.
Indigofera decora.
— Dosna.
Iochroma tubulosum.
Ipomæa kermesina.
Ismene calathina.
Isotoma axillaris.
Itea racemosa.

Jasminum geniculatum.
— *variegatum.*
— Himalayense.
— Ligustrifolium.
— Nepalense.
— ochroleucum.
— Poiteau.
Juglans regia, *heterophylla.*
— *laciniata.*
Juniperus communis.
— Bermudiana.
— Glossainstanea.
— nana.
— Oxycedrus.
— repanda.
— Sabina, *Tamariscifolia varieg.*
— Sinensis.
— Succica.
— tetragona.
— thurifera.
— Virginiana.
— *pendula.*
Justitia carnea.
— Macdonaldi.
— splendens.

Kennedya Andomarensis.
— inophylla.
— nigricans.
— ovata.

Lagerstrœmia Indica.
Lantana Camara.
— delicatissima.
— Mexicana.
— multiflora, *excelsa.*
— mutabilis.
— Sellowiana.
— violacea.
Larix Americana.
— Europæa.

Laurus Indica.
— nobilis, *crispa*.
— *Salicifolia*.
— tomentosa.
Lebretonia coccinea.
Leonotis Leonurus.
Leuchtenbergia Principis.
Leucocarpus alatus.
Ligustrum Japonicum.
— Nepalense.
— Sinense.
Lilium lancifolium, *album*.
— *punctatum*.
— *roseum*.
— *rubrum*.
— longiflorum.
Limnocharis Humboldtii.
Linnæa borealis.
Lippia Citri-odora.
Lobelia decussata.
— Erinus.
— fulgens.
— insignis.
— longifolia.
— lutea.
— ramosa.
— sanguinea.
— splendidissima.
— Thapsoidea.
Lomatia Ilicifolia.
Lonicera Caprifolium, *Batavicum*.
— *Belgicum*.
— brachypoda.
— discolor.
— Japonica.
— Magnevillea.
— splendida.
Lopezia macrophylla.
— villosa.
Lophospermum scandens.
— albo-guttatum.
Lopomia malacophylla.
Lycaste aromatica.
— gigantea.
— Skinneri.
Lycium Fuchsioides.
Lychnis dioica, *alba plena*.
Lycopodium denticulatum.
— stoloniferum.

Maclura aurantiaca, *femina*.
Malva Creeana.
Magnolia fuscata.
— discolor.
— grandiflora.
— *Maillardierensis*.
— *Oxoniensis*.
— *præcox*.
— *rotundifolia*.
— *subrotundifolia*.
— Kobus.
— macrophylla.
— Thompsoniana.
— umbrella.

Magnolia Yulan.
— *Alexandrina*.
— *Norbertiana*.
— *Soulangiana*.
Mahernia incisa.
Mahonia Fortunei.
— glumacea.
— tenuifolia.
— trifoliata.
Malvaviscus arboreus.
Mamillaria.
— acanthothele.
— acanthophlegma.
— angularis.
— Brongniartii.
— Celsiana.
— cephalophora.
— cirrhifera.
— crucigera.
— elegans.
— elephantipes.
— formosa, *lævior*.
— gigantothele.
— gladiata.
— gracilis.
— grandiflora.
— hamata.
— intertexta.
— Jenkii.
— longihamata.
— longimamma.
— Ludowigii.
— nivea.
— *cristata*.
— *cristata, minor*.
— *lanata*.
— Parkinsonii.
— polyedra.
— pycnacantha.
— pyrocephala.
— ruficeps.
— Schiedana.
— Scolymoides.
— senilis.
— setosa.
— stella aurata.
— supertexta.
— tentaculata, *albida*.
— viridis.
Mandevilla suaveolens.
Maranta albo lineata.
— atrosanguinea.
— roseo lineata.
— vittata.
— zebrina.
Maurandia Emeryana.
Medinilla eximia.
— speciosa.
Melaleuca coronata.
— pulchella.
Melastoma.....
Melia Azedarach.
Melianthus major.
Mesembryanthemum album.

Mesembryanthemum deltoides.
— hispidum ?
— micans.
Mikania violacea.
Mimosa pudica.
Mimulus moschatus.
Mitraria coccinea.
Moræa fimbriata.
Morus rubra.
Musa Sinensis.
Myoporum glabrum.
— parvifolium.
— pictum.
Myosotis Azorica.
Myrsine Africana.
— undulata.
Myrtus Boetica.
— *angustifolia.*
— bullata.
— Italica, *variegata.*
— mucronata.
— multiplex.
— naviformis.
— Romana, *variegata.*
— rubra.
— Tarentina, *aurea.*
— *jaspidea.*
— tenuifolia.

Nierembergia filicaulis.
Nerium, var. hybrides des *N. Olean-*
[*der* et *Indicum* :
— *atropurpureum.*
— *coccineum.*
— *cupræum.*
— *Fonscolombianum , pl.*
— *grandiflorum, plenum.*
— *Henrici V.*
— *luteum.*
— *Mabiri.*
— *macrophyllum.*
— *multiflorum.*
— *pulcherrimum.*
— *purpureum, plenum.*
— *Ragonotii.*
— *splendidissimum.*
Nuttalia grandiflora.

Olea fragrans.
— nigra.
— Russica.
— Salicifolia.
Oncidium ampliatum, *majus.*
— Papilio.
Ononis rotundifolia.
Ontoglossum grande.
— læve.
Oreodoxa regia.
Ornithogalum longibracteatum.
Oxalis floribunda.
Oxylobium arboreum.

Paliurus aculeatus.
Panax arborea.

Passiflora alata.
— Belotii.
— Hartewegii.
— shropana.
Paulownia imperialis.
Pavia discolor.
— lutea.
— macrostachya.
— rubra.
Pelargonium tetragonum.
— zonale, *Lucia rosea.*
— *Napoleonis.*
— *Abbé Berleze.*
— *Beauty of Walstagem.*
— *Edina.*
— *Mazeppa superba.*
— *Reine des Français.*
Penstemon argutus.
— *Thimisterii.*
— azureus.
— barbatus.
— *albus.*
— cyananthus.
— campanulatus.
— *elegans.*
— *pulchellus.*
— *violaceus.*
— Centranthifolius.
— Cobæa ?
— cordifolius.
— crassifolius.
— diffusus.
— Digitalis.
— Gentianoides.
— glandulosus.
— Gordoni.
— Hartwegii.
— *atropurpureus.*
— *albus.*
— *Clusii.*
— *coccineus.*
— *cœrulescens.*
— *formosus.*
— *Pellieri.*
— *roseus.*
— *splendidus.*
— Murrayanus.
— nemorosus.
— ovatus.
— procerus ?
— pubescens.
— Salvatori.
— Scouleri.
— speciosus.
Persea gratissima.
Petunia Nyctaginiflora.
— violacea.
Philadelphus Mexicanus.
Phlox acuminata.
— *Princesse Marie.*
suffruticosa.
Phœnix dactylifera.
Phormium tenax.
Photinia glabra.

Photinia glabra, *grandidentata.*
Phylica Ericoides.
Phyllarthron Bojerianum.
— platycodon.
Phyllocladus Trichomanoides.
Physianthus undulatus.
Physostegia imbricata.
— Virginica.
— *grandiflora.*
Phytolacca esculenta.
Pilocerus jubatus.
— militaris.
— polylaphus.
— senilis.
Pinus adunca.
— Austriaca.
— Canariensis.
— Cembra.
— Halepensis.
— Hamiltoni.
— insignis.
Laricio.
— maritima.
— mitis.
— Pallablanco.
— palustris.
— Pinea.
— rigida.
— strobus.
— sylvestris.
— Scotica.
Pimelea decussata.
— Neppergiana.
— spectabilis.
— Verschaffeltiana.
Piper verticillatum.
Pitcairnia Altensteinii.
— ringens.
Piqueria trinervia.
Pittosporum eriocarpum.
— Tobira, *variegata.*
Platycodon grandiflorum.
Platylobium Murrayanum.
Plumbago alba.
— Capensis.
— Larpentæ.
Podocarpus latifolia.
— Yacca.
Poinciana Gilliesii.
Poinsettia pulcherrima.
Polygala acuminata.
— Chamæbuxus.
— grandiflora.
— Heisteri.
Polymnia grandis.
Polygonum complexum.
Polypodium aureum.
— Quercifolium.
Pontederia cordata.
Populus Græca, *pendula.*
— Tacamahaca.
Porphyrocoma lanceolata.
Potentilla Antwerpiensis.
Prostanthera lasianthus.

Psoralea bituminosa.
Pteris longifolia.
Punica Granatum, *plenum.*
— *albiflorum.*
— *plenum.*
— *angustifolium.*
— nana.
Pultenæa Linifolia.
— stricta.

Quercus annulata.
— Boweana.
— chrysophylla.
— confertifolia.
— glabra.
— laciniata.
— lanata.
— Lonetii.
— pedunculata, *variegata.*
— rubra.
— rugosa.
— spicata.
— virens, *heterophylla.*

Raphiolepis Indica.
Ravenala Madagascariensis.
Rhamnus Californicus.
— Oleifolius.
Rhexia holosericea.
Rhododendrum Ponticum.
— *atrovirens variegatum.*
— *jaspideum.*
— *Nazarethinum.*
Rhodostoma Gardenioides.
Rhus Japonica.
Rivinia lævis.
Rochea coccinea.
— *Louis Bonaparte.*
— *Mme Angelina.*
Rogiera elegans.
Rondeletia speciosa.
Rosa Anemoneflora.

ROSES COUPÉES :

Hybrides remontantes et perpé-
tuelles.

Rose Amiral Cécile.
— Anne de Bretagne.
— Bérenger.
— Charles Boissière.
— Cœlina Dubos.
— Colardeau.
— Comtesse Bath.
— Duplessis-Mornay.
— Gilbert Stater.
— Joséphine Robert.
— Mme Fremon.
— Mme Oger.
— William Grisfith.
— Pie IX.
— Bernard.
— Blanche Vibert.

Rose du Roi, à fleur pourpre.
— Ebène.
— Génie de Chateaubriand.
— Joasine Hanet.
— Laurence de Montmorency.
— Léonide Leroy.
— Sydonie.

Bengales.

— Alphonse.
— Baronne Prévost.
— Citoyen des Deux-Mondes.
— Comtesse Duchâtel.
— Duchesse de Nemours.
— Jacques Lafitte.
— Louis Bonaparte.
— Léonie Le Brun.
— Mme Aimée.
— Mme Damesme.
— Mme Guillot.
— Mme Molorquer.
— Marquis d'Ailsa. Dr Marx.
— Marquise Boccela.
— Prince Albert.
— Van Mons.

Thé.

— Thé ordinaire.
— Souvenir d'un ami.

Bourbon.

— Bourbon ordinaire.
— Charles Souchet.
— Coupe de Cinthie.
— De Tourville.
— Deuil du duc d'Orléans.
— Docteur Hardouin.
— Dupetit-Thouars.
— Duchesse de Normandie.
— Guillaume le Conquérant.
— Henri Lecoq (duc d'Estrées).
— Jaquart.
— Julie de Fontenelle.
— Mme Nérard.
— Margat jeune.
— Manteau de Jeanne d'Arc.
— Oscar Leclerc.
— Pourpre parfait.
— Proserpine.
— Rhodante.
— Souvenir de la Malmaison.

Noisettes.

— Lamarque.
— Ophirie.
— Solfatare.
— Microphylle.

Rubus Molucanus.
— rotundifolius.
Rudbeckia Drummondii.

Rudbeckia hirsuta.
Ruellia maculata.
— Sabini.
Russelia juncea.

Salisburia Adianthifolia.
Salvia barbata.
— Chamædryoides.
— compacta.
— confertiflora.
— Gesneriæflora.
— patula.
— splendens.
— yanthina.
Samolus littoralis.
Schaueria calycotricha.
Schotzia speciosa.
Schinus Molle.
Schizanthus retusus.
Scilla Peruviana.
— alba.
Scolopendrium officinarum, undu-
Scutellaria macrantha. [latum.
Scyphanthus elegans.
Sedum Populifolium.
— Sieboldi.
Selaginella cæsia, arborea.
Selago fasciculata.
— Gielliesii.
Serissa fœtida, plena.
Silene maritima, plena.
Sinninghia purpurea.
Sipanea violacea.
Siphocampylus Betulæfolius.
— coccineus.
— glandulosus.
— nitidus.
— Orbiniensis.
Sobralia macrantha.
Solanum glaucophyllum.
— Dulca mara, alba variegata.
— Jasminoides.
— pyracanthum.
— Quitense.
Sollya heterophylla.
Sorbus aucuparia, heterophylla.
— pendula.
Sparmannia Africana, nana.
Spartianthus junceus, plenus.
Spathodea gigantea.
Sphæralcea umbellata.
Stanhopea Devoniensis.
— eburnea.
— insignis.
— tigrina.
Statice Dicksoni.
— echinacea.
— Fortunei.
— latifolia.
— mucronata.
— monopetala.
— octopetala.
— purpurea.
— Reversiana.

Statice scoparia.
Sterculia Platanifolia.
Stephanotis floribunda.
Stevia ovata.
— purpurea.
Stavesia glaucescens.
Strelitzia juncea.
— Reginæ.
Styphrolobium Japonicum.
— *pendulum.*
Swainsonia Coronillæfolia.
— *alba.*
Syringa Emodii.
— Josikæa
— Persica.
— *pennata.*
— Rothomagensis.
— *Saugeiana.*
— vulgaris, *plena.*

Tagetes lucida.
— signata.
Talauma Candollei
— pumila.
Tasmannia aromatica.
Taxodium distichum.
— Nepalense.
— sempervirens.
— Sinense.
Taxus adpressa.
— baccata.
— fatigiata.
Tetranthera ferruginea.
— Japonica.
Teucrium maritimum.
— Marum.
Thuya Nepalensis.
— occidentalis.
— orientalis.
— pendula.
— Sinensis.
— Tatarica.
— Warreana.
Tilia Americana.
— Europæa, *aurea.*
— *laciniata.*
Tillandsia gigantea.
— splendens.
— zonata.
— *fusca.*
— *viridifolia.*
Tithonia splendens.
Torenia Asiatica.
Tournefortia Heliotropioides.
Tradescantia discolor.
— zebrina.

Tremandra Hugelii.
— verticillata.
Tropæolum minus, *plenum.*
Trymalium candidum.
— odoratissimum.

Ullucus tuberosus.
Ulmus Americana.
— crispa.
— fulva.
— pyramidalis.
Urtica Trianthemoides.

Vaccinium nitidum.
— Sprengelii.
Vanda teres.
Verbena Aubletia.
— Chamædryfolia.
— radicans.
— Tenerioides.
— Twediana.
— venosa.
Veronica Andersonii.
— formosa.
— Lindleyana.
— Salicifolia.
— speciosa, *rubra.*
— spicata, *variegata.*
Viburnum Japonicum.
— macrocephalum.
— rugosum.
— suspensum.
Vinca rosea.
— *alba.*
Vitis arborea.

Weigelia Meddenforii.
— rosea.
Westringia grandiflora.
— longifolia.
Witidenia trilobata.
Wisteria frutescens.
— Sinensis.
— violacea.

Xanthosia rotundifolia.
Xenopoma obovatum.

Yucca Aloefolia, *variegata.*
— Draconis, *quadricolor.*
— filamentosa.
— glauca.
— tricolor.
Zauschneria Californica.
Zinnia elegans.
Zygopetalum crinitum.

IV

HORTICULTURE POTAGÈRE.

CATALOGUE DES LÉGUMES ET DES FRUITS,

Mis en ordre par M. Ch. Drouet, membre de la société d'Agriculture, Sciences et Arts de la Sarthe, et secrétaire du jury de l'exposition d'horticulture.

M. FOULARD (1),

Amateur et membre du jury de l'exposition d'horticulture.

Concombre serpent, *on en fait des cornichons.*
Courge Patisson, bonnet carré ou artichaut de Jérusalem.
— chesinesée.
— plate de Corse.
— pomme jaune.
— pomme à verrues.
— marron, *délicieuse.*
— massue.
— de Barbarie.
— noire verruqueuse.
— verte verruqueuse.

Courge pleine, de Naples.
Dolichos Lablab d'Égypte, *mûrit difficilement sous notre climat.*
— sesquipedalis? *Haricot asperge. Gousses très-longues.*
Momordica charantia.
Pomme de terre, comice d'Amiens. *Cette espèce très-nouvelle, très-précoce, puisqu'elle se forme en 40 jours, est excellente et n'a pas, jusqu'à ce moment, été atteinte par la maladie.*

M. VÉTILLART, Marcellin (1),

Amateur et membre du jury de l'exposition d'horticulture.

Courge pleine de Naples.
— Coucourzelle.
Melon brodé maraîcher.

Melon vert.
— cantaloup orange, *fin hâtif.*
Raifort sauvage, *moutarde de capucin*

M. DE RICHEBOURG (2),

Amateur et membre du jury de l'exposition d'horticulture.

Légumes.

Melon cantaloup, gros prescott, blanc, galeux.
— vert-noir, galeux.
— argenté.
Giraumon, turban doré.

Courge de l'Ouest, en forme de gourde, à chair rouge, comestible, excellente.
Courge ou coloquinte, pyriforme, verte, à rubans jaunes, ornement.

(1) Voir au catalogue des plantes d'ornement.   (2) Voir à l'article *Ornementation générale.*

Fruits.

10 Variétés de Poires de son jardin, toutes d'août et de septembre.

Poire beurré d'Amanlis ou Wilhel-
—   de Beaumont.   [mina.
—   Belle de Flandres.
—   Petit beurré de Saint-Louis.
—   de Picquery ou l'Urbaniste.
—   Goubault.
—   de Neuve-Maison.
—   d'Ananas.
—   Belle excellente.
—   Belle merveille de Parmentier
—   Belle et bonne Deshayes.
—   Belle de Bruxelles.
—   Bellissime d'été.
—   Bergamote le Seble.
—   Bergamote d'Angleterre.
—   Bonchrétien de William.
—   Bonchrétien de Napoléon.
—   Bonne Louise d'Avranches.
—   de Charbonnière.
—   de Colmar Charnay.
—   comtesse de Frenel.
—   Frédéric de Wurtemberg.
—   duc de Nemours.
—   duchesse de Berry.
—   Doyenné Sieulle.
—   Doyenné Boussoch.
—   Saint-Michel-Archange.
—   de Milan d'été.

Poire d'Angora.
—   Verte longue, précoce.
—   de Condorcet.
—   Arbre courbé.
—   Hellet.
—   Léon Leclerc.
—   Sylvange précoce.
—   de Tarquin.
—   de Jalousie.
—   de Scakel, *États-Unis.*
—   de Pater Noster.
—   de d'Enhovenir, Van Mons,
      la meilleure de la saison.
Pomme, une variété inconnue,
      de septembre, excellente,
      nommée *pomme Cénomane.*
Prune de Coé Golden drop.
—   Washington.
—   Grosse mirabelle.
—   Reine Claude violette.
—   Impériale violette.
—   Couestche d'Italie.
Groseiller cerise rouge, *en fruit.*
—   rose, *chargé de fruits.*
Raisin, une branche de beau chasse-
      las, portant plusieurs grap-
      pes.

M. FLEURIAU,

Jardinier à Saint-Pavin-des-Champs.

Légumes (1).

* Betterave ronde de Bassano.
* — rouge, de Whyte.
   — à écorce de sapin, *petite Cas-*
     telnaudary.
Carotte rouge, courte de Hollande.
* Céleri blanc, court, hâtif, *blan-*
     chissant promptement.
* Chicorée mousse, *var. précieuse.*
   — superfine.

     1° *Choux pommés ou cabus.*

Chou d'Yorck, petit, superfin, hâtif.
   — gros.
   — cœur de bœuf.
* — Bacalan.
* — de Saint-Denis, gros pommé.
Chou de Saint-Denis, perfectionné.

Chou de Saint-Denis, *sous-variété.*
* — quintal ou d'Allemagne, à
     choucroute.
   — d'Alsace, 2ᵉ saison.

2° *Choux de Milan ou pommés frisés.*

Chou de Milan, petit.
—   gros.
* —   doré.
—   des Vertus.
*   Victoria.
* — de Bruxelles, à jets ou rosettes.
* — rave blanc, hâtif, de Vienne.
Courge melonée.
   — Giraumon turban.
Laitue Turque.
Melon ordinaire, à côtes.
Navet des Vertus, blanc, long.

---

(1) L.* indique les légumes dont les graines ont été données par la société d'Agriculture, Sciences et Arts de la Sarthe.

<table>
<tr><td>

Ognon ordinaire, rouge pâle.
* — rouge très-foncé de Brunswick.
* Poireau gros de Musselbourg.
Salsifis blanc.
Pomme de terre, shaw ou chave.
  — sous-variété de la shaw, ob-
   *tenue de semis, en 1850, par
   M. Fleuriau, elle se distin-
   gue par ses rameaux courts.*

</td><td>

Pomme de terre noire ou violette,
   foncée à l'extérieur comme
   à l'intérieur.
  — blonde, *bonne espèce hâtive.*
  — de la Saint-Jean ou Segonzac,
   jaune, hâtive.
  — cornichon jaune de Hollande,
   lisse, aplatie.

</td></tr>
</table>

Fruits.

<table>
<tr><td>

Prune de Washington.
  — d'abricot violet.
  — d'abricot violet de St-Pavin,
   *variété obtenue de semis,
   par M. Fleuriau.*

</td><td>

Poire beurré d'Amanlis, *un bouquet
   de 13 poires.*
Raisin chasselas blanc.
  — Morillon, violet-noir, *raisin
   précoce de la Madeleine.*

</td></tr>
</table>

M. BONHOMMET,

Jardinier au Mans, rue du Bourg-Belay, 75.

Légumes.

<table>
<tr><td>

Ail ordinaire.
Artichaut violet, hâtif.
Betterave à écorce de sapin, *petite
   Castelnaudary.*
* — plate et ronde de Bassano.
* — rouge de Whyte.
  — la petite rouge.
  — champêtre ou de *disette.*
Carotte rouge, longue de Hollande.
* — rouge, longue, d'Alstringham.
  — rouge hâtive.
* — violette d'Espagne.
  — à collet vert.
  — jaune, longue.
* Céleri blanc, court, hâtif, blan-
   chissant seul.
* — navet ou rave, *en pot.*
  — rose plein.
  — blanc, plein.
Cerfeuil frisé, *espèce charmante et
   tout récemment introduite
   dans la culture du Mans
   par M. Bonhommet.*
Chicorée frisée de Meaux.
  — fine d'Italie.
  — corne de cerf ou de Rouen.
* — mousse, *précieuse espèce.*
  — la Fléchoise.
  — grosse.
  — grosse, à côtes rouges.
  — scarole verte.
  — scarole blonde ou jaune.

</td><td>

1° *Choux pommés ou cabus.*

Chou d'Yorck, petit.
  — gros.
* — Bacalan.
* — de Saint-Denis, gros pommé.
  — blanc cabus.
* — quintal ou d'Allemagne, *à
   choucroute.*
  — de Mortagne.
  — de Bretagne.
* — rouge, gros pommé.

2° *Choux de Milan ou pommés frisés.*

Chou de Milan, le petit.
  — le gros frisé.
  — le petit Milan de Sougé.
* — de Milan doré.
* — Victoria.
  — le petit Milan d'été.
* — de Bruxelles, perfectionné.

3° *Choux-verts et non pommés.*

Chou Cavalier, grand chou-vert,
   *le plus anciennement cul-
   tivé.*
  — de Poitou vert.
  — de Poitou jaune.
  — moellier.
* — rave blanc, hâtif de Vienne.
* Chou-fleur demi-dur de Hollande.
* — dur d'Angleterre.

</td></tr>
</table>

Concombre ordinaire.
— serpent.
Courge Giraumon turban.
— potiron jaune, à chair ferme et rouge en dedans et à pépins rougeâtres ; *curieuse espèce.*
— sucrine, d'un vert noir en dessus, rouge en dedans, *très-bonne espèce.*
— patisson, bonnet carré ou artichaut de Jérusalem.[1]
Epinard d'Angleterre, vulg. dit épinard gras, *feuilles très-larges.*
Laitue d'hiver, jaune, paresseuse.
— la grosse jaune.
— brune.
— printanière ou jeune verte.
— rousse.
— jaune.
— la grosse jaune.
* — impériale.
* — romaine monstrueuse, cuivrée
* — chou de Naples.
— la grosse romaine pancalière.
— la romaine verte maraîchère.
— la romaine blonde maraîchère
Melon cantaloup, prescott blanc.

Melon cantaloup, prescott noir.
— noir des Carmes.
— galleux.
— sucrin, à côtes.
— sucrin, à chair blanche.
Navet jaune, long.
— rond.
— blanc, rond.
— long.
Ognon rouge pâle, ordinaire.
* — très-foncé de Brunswick.
Panais long.
Persil frisé.
Piment ordinaire.
Pomme de terre, noire ou violette foncée à l'extérieur comme à l'intérieur.
— blonde, *bonne espèce.*
— très-jaune, *obtenue de semis, par M. Bonhommet, depuis 3 ans, et toujours très-farineuse.*
* — Poireau de Musselbourg.
Rave rose.
Radis rose.
Rave tortillée du Mans.
Salsifis blanc.
Scorsonère noir.
Tomate rouge.

Fruits.

Poire beurré d'Amanlis.
— Colmart d'Aremberg.

— Bonchrétien de William.
— de Milan d'été.

M. ENGOULVENT, Georges,

Jardinier au Mans, rue Saint-Gilles, 35.

Légumes.

Betterave rouge, à écorce de sapin, *petite Castelnaudary.*
— champêtre, rose, *disette.*
* — ronde plate, de Bassano.
* — rouge, de Whyte.
Carotte rouge hâtive, de Hollande.
— blanche ordinaire.
* — rouge longue d'Alstringham.
* — violette, d'Espagne.
* Céleri blanc, plein, court hâtif, blanchissant promptement.
* — rave ou navet, *en pot.*
* Chicorée mousse, *précieuse espèce.*
— corne de cerf ou de Rouen.
— dite à petites côtes rouges.
— scarole blonde ou à feuille de laitue.

1o *Choux pommés ou cabus.*

Chou d'Yorck.
— cœur de bœuf.
* — Bacalan.
* — de Saint-Denis, gros pommé.
* — quintal ou d'Allemagne, à *choucroute.*
— gros pommé blanc.
— de Saint-Brieuc.
— pommé dit de Parence.
* — rouge, gros pommé.

2o *Choux de Milan ou pommés frisés.*

Chou nain pancalier de Touraine.
— gros Milan ordinaire.

* Chou Victoria , *dédié à la reine d'Angleterre.*
* — Milan doré.
* — de Bruxelles , à jets ou rosettes , *perfectionné.*

3° *Choux-verts ou non pommés.*

Chou-vert branchu du Poitou.
* — glacé d'Amérique.
* — rave blanc, hâtif de Vienne.
Ciboule commune.
— vivace ou de Saint-Jacques.
Ciboulette , civette, appétit.
Concombre jaune long.
Courge de Naples ou Porte-manteau.
— patisson ou bonnet carré, ou artichaut de Jérusalem.

Haricot nain de 40 jours.
— horloger, variété du Prédome.
— d'Espagne à fl. rouge, ou d'Ara.
— variété à fleur bicolore.
* — d'Alger ou haricot beurre.
* — solitaire, ou plein de la Flèche , *connu aussi sous le nom de haricot sangsue et de sept cents.*
* Laitue impériale de Russie.
— romaine verte, maraîchère , *hâtive.*
Ognon blond, ordinaire du pays.
— poire ou pyriforme.
* — rouge foncé de Brunswick.
Oseille vierge, *rumex montanus.*
* Poireau gros , de Musselbourg.

M. HUSSET, Eugène,

Jardinier au Mans, rue de la Madeleine.

Légumes.

* Betterave ronde plate, de Bassano.
* — rouge, de Whyte.
Carotte rouge longue.
* — rouge longue d'Alstringham.
— à collet vert.
* — violette, d'Espagne.
Céleri blanc plein, *l'ordinaire.*
— rose plein, *l'ordinaire.*
* — blanc , court , hâtif, blanchissant promptement.
* Chicorée mousse, *espèce précieuse.*

1° *Choux pommés ou cabus.*

* Chou bacalan, pomme forte.
* — de Saint-Denis, gros pommé.
* — quintal ou d'Allemagne, à *choucroute.*
* — rouge, gros pommé.

2° *Choux de Milan ou pommés frisés.*

Chou de Milan, le petit.
* — doré.
* — Victoria.
* — de Bruxelles , perfectionné.

3° *Choux d'autres races.*

* Chou-vert glacé d'Amérique.
* — rave blanc, hâtif, de Vienne.
Ciboule commune.
— ciboulette, appétit.
Concombre jaune, gros.
— vert, *cornichon.*
Courge rayée ou de Barbarie.
— patisson ou bonnet carré, ou artichaut de Jérusalem.
* Haricot d'Alger ou haricot beurre.
* — solitaire, ou plein de la Flèche, *ou haricot sangsue ou de sept cents.*
Melon maraîcher du pays.
Ognon blond, *l'ordinaire.*
* — rouge foncé de Brunswick.
Poireau commun, long.
* — court hâtif de Musselbourg.
Pomme de terre, longue jaune.
— cornichon jaune de Hollande. *lisse et aplatie.*
Tomate rouge, grosse.

M. CHEVREUX,

Jardinier au Mans, rue du Bourg-Belay, 56.

Légumes.

* Betterave ronde, de Bassano.
Carotte rouge, hâtive de Hollande.
* — violette, d'Espagne.
Céleri rose, plein.

Céleri blanc, plein, court, hâtif, blanchissant promptement.
Cerfeuil commun.
Cerfeuil frisé.

Cersifis ou salsifis blanc.
Chicorée fine d'Italie.
* — mousse, *précieuse espèce.*
— corne de cerf ou de Rouen.
— scarole verte.
Chou pommé de Mortagne.
— gros Milan frisé.
* — de Bruxelles, perfectionné.
* — rave blanc, hâtif de Vienne.

' Haricot d'Alger ou haricot beurre
— solitaire ou haricot de la
   Flèche, *ou haricot sangsue
   ou de sept cents.*
— de 40 jours ou de mai, *précoce.*
. — à fond jaune, rayé, *précoce,
   grain petit, espèce nouvelle.*
Ognon blond, *ordinaire.*
Courge potiron jaune, à grand œil.

M. RICHARD, Louis,

Jardinier au Mans, rue des Maillets, 22.

Légumes.

* Betterave rouge de Whyte.
* Céleri blanc, plein, hâtif, blanchissant promptement.

— rose, plein, ordinaire.
* — rave ou navet, *en pot.*
* Chicorée mousse, *espèce précieuse.*
— à côtes rouges.
— corne de cerf ou de Rouen.

1° *Choux pommés ou cabus.*

Chou pommé précoce.
* — pommé quintal.

2° *Choux de Milan ou pommés frisés.*

Chou le petit Milan.
— le gros Milan.
* — de Milan doré.
— de Milan de Tours.
* — de Bruxelles, perfectionné.

3° *Choux divers.*

· Chou-vert glacé d'Amérique.
· — fleur dur, d'Angleterre.
Courge potiron.
— giraumon turban.
' Haricot d'Alger, haricot beurre.
* — solitaire, *haricot plein, de la
   Flèche, haricot sangsue, de
   sept cents.*
Melon cantaloup prescott, *blanc.*
— cantaloup prescott, *noir.*
— cantaloup prescott, *croisé.*
* Laitue Impériale de Russie.
* — chou de Naples.
Poireau commun long.
* — très-gros de Musselbourg.
Pommes de terre diverses de semis,
   *précoces, jaunes, de qua-
   lité remarquable.*

Fruits.

Poire angélique de Rome.
— d'Angora.
— Bonchrétien Napoléon.
— d'hiver.
— de Rance.
— d'Espagne.
— d'été.
— Beurré de Picquery.
— royal.
— gris d'hiver.
— Napoléon.
— d'Amanlis.
— roux.
— Chaumontel.
— Chaumontel *nouveau.*
— bonne de Malines.
— belle Angevine.
— belle et bonne Deshaies.
— bonne Louise d'Avranches.
— belle de Bruxelles.

Poire Barthelette de Boston.
— Colmar Van Mons.
— Colmar d'Aremberg.
— Colmar Charnay.
— Citron des Carmes.
— Duchesse d'Angoulême.
— Doyenné Boussoch.
— Doyenné d'hiver.
— Doyenné d'hiver, *nouveau.*
— Doyenné roux.
— Doyenné nouveau d'été.
— Doyenné panaché.
— Doyenné ordinaire.
— Duchesse de Berry d'été.
— Gile-O-Gile.
— grosse d'Angleterre.
— grosse verte longue.
— Léon Leclerc.
— Passe Colmard.
— de Livre.

7

Poire figue d'Alençon.
— de Masse.
— soldat laboureur.
— saint Michel-Archange.
— William.

Pomme grosse reinette, jaune, hâtive d'été, *d'Italie*.
Prune Washington.
Raisin Froc-la-Boullaye.

M. ENGOULVENT, MARIN,

Jardinier au Mans, rue du Bourg-Belay, 73.

Légumes.

Carotte rouge, courte, grosse, hâtive de Hollande.
— rouge longue de Hollande.
* — rouge d'Alstringham.
Chicorée corne de cerf ou de Rouen.
* — mousse, *précieuse espèce*.
— grosse fine d'Italie, *d'été*.
* Chou de Bruxelles, à jets ou rosettes, *perfectionné*.
* — rave blanc, hâtif de Vienne.
Haricot gros de Soissons, blanc.
— de Soissons, fond blanc, piqueté de noir, sans parchemin, *à rames*.

* Haricot d'Alger, ou haricot beurre.
— friolet blanc ou flageolet?
* Laitue Impériale.
— jeune verte ou printanière, ou blonde à graine rousse, *très-hâtive et bonne*.
Melon maraîcher, très-gros.
Ognon rose de Tours.
— jaune du Mans.
— poire, blond.
Persil frisé.
Poireau, grande espèce, longue.

M. LEVRARD,

Jardinier au Mans, ruelle Verte.

Légumes.

Betterave à écorce de sapin, rouge clair ou *de Castelnaudary*.
Carotte rouge, demi-longue, de Hollande.
Céleri rose foncé, plein.
Chicorée fine d'Italie.
— corne de cerf.
— à côtes rouges.
— la Rouennaise.
— scarole jaune.
— scarole ordinaire, verte.

1º *Choux pommés ou cabus.*

Chou d'Yorck.
* — Bacalan.
* — de St-Denis, gros pommé.
* — quintal ou d'Allemagne, à choucroute.

2º *Choux de Milan ou pommés frisés.*

Chou de Milan précoce.
* — Victoria.
Courge potiron jaune.
— Giraumon turban.

Epinard d'Angleterre, très-large.
Fraisier des Alpes ou 4 saisons, à *fruits noirâtres, ronds*.
— des Alpes, *à fruits longs*.
Haricot de 40 jours ou de mai, *très-précoce, petit*.
Laitue printanière ou jeune verte, *grosse*.
Melon cantaloup prescott noir.
— prescott blanc.
Navet des Vertus, oblong, *blanc, hâtif*
— boule d'or, *sphérique, d'un beau jaune, se forme en peu de temps*.
Ognon blond, ordinaire.
* — rouge de Brunswick.
— jaune.
* Poireau très-gros, de Musselbourg.
Pomme de terre jaune, longue.
— de la St-Jean *ou Ségonzac*.
Radis roses.
Tomate rouge.
— rouge, petite, ronde.

Fruits.

Prune petite Mirabelle.
— grosse Mirabelle.

Raisin morillon, *de la Madeleine.*
— chasselas blanc.

M. DESILLE,

Jardinier au Mans, rue de Coëffort.

Légumes.

Ail commun.
Carotte rouge longue, de la Flèche.
Céleri rose, plein.
* — blanc, plein, hâtif et blanchissant promptement, *excellente espèce.*
Chicorée fine d'Italie.
— corne de cerf ou de Rouen.
— scarole jaune ou la Blonde.
Chou pommé gros, de Vendôme.
— de Mortagne, d'été.
— de Mortagne, d'hiver.
— gros paucalier frisé.
— gros Milan ordinaire.
— petit Milan frisé, superfin.
— gros Milan, demi-frisé.
— chou-fleur demi-dur.

Courge patisson, bonnet d'électeur ou bonnet carré.
Haricot gros Soissons blanc.
Laitue jeune verte de printemps.
— jeune verte d'Automne.
Melon cantaloup prescott blanc.
— cantaloup prescott noir.
Ognon blanc de semis.
— blond de semis, très-gros.
Poireau gros, long.
Pomme de terre cornichon jaune.
— de la St-Jean *ou Ségonzac.*
— dite l'anglaise jaune, *remarquable espèce par sa grosseur et la quantité de tubercules assez gros qui la recouvrent.*
Salsilis ou Cersifis blanc.

M. PLOT, Louis,

Jardinier au Mans, rue Basse, 107.

Légumes.

Carotte rouge, courte.
— rouge, longue.
Céleri blanc, plein.
— rose, plein.
* — blanc, plein, court, hâtif, blanchissant seul, *excellente espèce.*
Chicorée frisée de Meaux.
* — mousse, *précieuse espèce.*

Chicorée superfine d'Italie.
— la Rouennaise.
— scarole verte.
* Chou rave blanc, hâtif de Vienne.
Courge patisson, bonnet d'électeur ou bonnet carré ou artichaut de Jérusalem.
Persil frisé.
* Poireau très-gros, de Musselbourg.

M. RAGOT, Julien,

Jardinier de M. Langlois, à Lombron.

Légumes.

Ail commun.
Artichaut rouge.

Betterave rouge ordinaire.
* — rouge de Whyte.

* Betterave rouge de Bassano.
     ronde plate.
— de Castelnaudary.
— *vulg.*, *à écorce de sapin.*
* Carotte rouge, d'Alstringham.
* — violette, d'Espagne.
— rouge longue de Hollande.
— rouge courte de Hollande.
Céleri plein, rose.
Cerfeuil frisé.
Chicorée fine d'Italie.
— scarole jaune frisée.
— sauvage, barbe de capucin.

1° *Choux pommés ou cabus.*

Chou prompt d'Yorck.
* — Bacalan.
* — de St-Denis, gros pommé.
— de Hollande, à pied court.
* — quintal ou d'Allemagne, à *choucroute, grosseur énorme*
— d'Alsace ou cabus, pommé.

2° *Choux de Milan ou pommés frisés.*

Chou pancalier, petit Milan.
— pancalier, Milan frisé.
— pancalier, Milan gros frisé.
* — de Bruxelles, *à jets ou ro-selles, perfectionné.*

3° *Choux divers.*

* Chou-fleur demi-dur de Hollande.
* — dur d'Angleterre.
* Chou-rave blanc, hâtif, de Vienne.
Ciboulette ou civette fine.
Ciboule grosse.
Concombre blanc.
— vert, cornichon, *à confire.*
Courge ronde.
— sucrine, *sucrière du Brésil?*
— longue monstrueuse, *Russie.*
— turban à couronne.

Courge turban.
— Patisson, bonnet d'électeur ou artichaut de Jérusalem.
Echalote grosse, d'Alençon.
Epinard commun.
— tétragone, *Nouvelle-Orléans.*
Estragon de Sibérie.
* Haricot d'Alger ou haricot beurre,
* — solitaire, haricot plein de la Flèche, de sangsue ou de sept cents.
— friolet à rames.
— Calabre à rames.
— Soissons, petit blanc.
— Soissons, gros blanc.
— flageolet, *sans rames.*
— La Fayette.
— ventre de biche.
— de quarante jours.
— rouge.
— pois serpette.
Laitue jeune verte ou printanière.
* — Impériale de Russie.
— paresseuse.
Melon cantaloup, fond blanc d'Angleterre.
— cantaloup, fond gris de Portugal.
— cantaloup, fond blanc de Paris
— d'Alger, Pastèque?
Oseille vulgaire.
— douce.
Ognon ordinaire, blond.
Persil commun.
— frisé.
Pimprenelle ordinaire.
* Poireau gros, de Musselbourg.
Radis rouge, rond.
Raifort sauvage.
Salsifis blanc.
Sarriette des jardins.
Scorsonère d'Espagne, *racine noire.*
Thym vulgaire.

M. PICHON,

Jardinier de M. Guilloud, à Vivoin.

Légumes.

Betterave. La petite rouge de Castelnaudary, vulgairement, auMans, *écorce de sapin.*
— jaune d'Allemagne, *bonne espèce pour l'extraction du sucre.*
— champêtre, *racine de disette.*

Cardon plein, sans épines, *excellente variété qui, par cette qualité seule, devrait être adoptée.*
Carotte jaune, courte, hâtive.
— jaune, demi-longue.
— blanche, à collet vert.

Carotte rouge, d'Allemagne, c. vert.
Chou quintal d'Allemagne, *à chou-*
    croute, pomme énorme.
Courge des Patagons.
  — sucrière du Brésil.
  — pain des pauvres.
  — potiron brodé.
Haricot d'Alger, *haricot beurre.*
  — riz.
  — sabre.
  — de Soissons, *nain hâtif.*

Laitue romaine rouge, d'hiver.
  — romaine à feuille d'artichaut.
Ognon poire.
Panais long.
  — rond.
Patate douce, rouge.
  — jaune.
  — violette.
  — blanche.
Pomme de terre de deux fois l'an.
Scorsonère, *salsifis noir.*

Fruits.

Pommes de l'Amérique septentr.

Pomme Beauty of the west.
  — Cathead Greening.
  — Coz apple of Ohio.
  — Faal pipping.
  — Flushing spitzenburg.
  — magden Blush.
  — merry Gold.
  — new hampshire Greening.
  — quequer pipping.
  — sapson.

Pomme sweet Bawple.
  — Wingen sweeting.
  — summer pearmain.
  — yellow harvest.
Prune d'Agen.
  — de dame Aubert.
  — diaprée, rouge.
  — Impératrice, violette.
  — Mirabelle, tardive.
  — Washington.
Cerise de septembre.

M. VINDRIN,

Jardinier à la Bazoge.

Légumes.

* Betterave ronde plate, de Bassano.
* Carotte violette, d'Espagne.
* Ognon rouge, de Brunswich, *6 cen-*
    timètres de diamètre.

Concombre serpent.
Pois sans parchemin.
  — ridé Knigt, *pois sucré, Anglais.*

Fruits.

Poire Beurré Cartel.
  — d'Amanlis.
  — d'Angleterre.
  — d'Aremberg.
  — Noirschain.
  — Picquery.
  — roux.
  — royal.
  — Bezy de la Motte.
  — Bezy de Montigny.
  — Bouchrétien de Rance.
  — d'hiver.
  — belle Angevine.
  — belle de Bruxelles.
  — Bergamote de Malines.
  — bonne de Malines.
  — bonne Louise d'Avranches.
  — Colmar d'Aremberg.
  — Doyenné d'Alençon.
  — d'hiver.
  — Boussoch.
  — musqué.

Poire Doyenné ordinaire.
  — Duchesse d'Angoulême.
  — de Berry, d'été.
  — fondante des bois.
  — Fortunée.
  — gros Franc-Réal.
  — grosse Angleterre, *Noisette.*
  — Messire Jean doré.
  — Milan d'été.
  — de Livre.
  — d'Henri IV.
  — Saint-Germain d'hiver.
  — Saint-Michel Archange.
  — soldat laboureur.
  — Van Mons, Léon Leclerc.
  — verte longue, d'hiver.
  — panachée.
  — William.
Pomme de gros coussinet.
Raisin chasselas blanc, ordinaire.
  — morillon hâtif, *de la Madeleine.*

M. BASOGE, LOUIS,

Jardinier au Mans, rue des Mûriers.

Chicorée corne de cerf, de Rouen.

1° *Choux pommés ou cabus.*

* Chou Bacalan.
* — quintal d'Allemagne *à chou-croute, fort gros, surtout dans les terrains frais.*
* — rouge, gros pommé.
* — de Saint-Denis.

2° *Choux de Milan.*

Chou de Milan, le petit.
* — de Milan, Victoria.

3° *Chou non pommé.*

* Chou rave, blanc, hâtif, de Vienne.
Courge Giraumon turban.
— patisson, bonnet d'électeur ou artichaut de Jérusalem, *variété à fruit panaché de vert.*
Melon cantaloup, prescott blanc.
— cantaloup, prescott vert.
— maraîcher, à côtes.
Panais long.
* Poireau court, de Musselbourg.

M. LE BRETON,

Jardinier, avenue de Pontlieue.

Basilic commun à feuilles vertes.
— à feuilles violettes.
— petit à feuilles vertes.
Employés tous les trois comme assaisonnement. Ces trois pieds de basilic offraient des dimensions énormes.
* Betterave plate, de Bassano.
Carotte rouge longue.
* — rouge longue d'Alstringham.
— rouge courte de Hollande.
* — violette d'Espagne.

Chicorée superfine d'Italie.
— mousse, *espèce précieuse.*
* Chou de Saint-Denis, gros pommé.
— quintal, pomme très-grosse, *à choucroute.*
* — rave blanc, hâtif, de Vienne.
Melon cantaloup, prescott blanc.
— prescott noir.
— prescott galeux.
* Poireau gros, de Musselbourg.
Radis gros noir.

M. BOISARD,

Jardinier au Mans, rue Verte.

Légumes.

Betterave écorce de sapin *ou petite Castelnaudary.*
Carotte rouge longue.
— rouge courte de Hollande.
* — violette d'Espagne.
Chicorée Rouennaise ou corne de cerf
— scarole verte.
Chou pommé, très-hâtif, *nouvelle espèce que l'exposant cultive depuis un an.*
* — Bacalan, pommé long.
* — de Saint-Denis, gros pommé.

* Chou quintal ou d'Allemagne.
— gros Milan.
Haricot petit, de quarante jours.
Laitue jeune verte ou printanière.
Ognon blond, de semis.
— blond dit de Niort.
— rouge, de semis.
Poireau commun, long.
— gros, court, de Musselbourg.
Radis rose.
Salsifis blanc.

Fruits.

Poire Colmar d'Aremberg.
— Duchesse d'Angoulême.
Prune d'Abricot, violette.

Prune Impériale, violette.
— de Mirabelle.

M. GUIMONT, Louis,

Jardinier au Mans, rue du Clos-Margot, 6.

Légumes.

Betterave champêtre, *r. disette.*
— jaune d'Allemagne.

Pomme de terre de Saint-Jean ou
— la grosse jaune. [*Ségonzac.*]

Fruits.

Poire Beurré d'Amanlis.
— roux.
— royale.
— bonne Louise d'Avranches.
— Doyenné d'hiver.
— Duchesse d'Angoulême.

Poire gros Noisette d'Angleterre.
— Sageret.
— de Tavernier.
— de trente onces.
— William.
Raisin chasselas blanc.

M. CHESNEAU, Jean,

Jardinier au Mans, rue Basse, 126.

Asperge de Hollande, violette, *très-*
— variété à tige plate. [*grosse.*]
Céleri rose, plein.
— blanc, plein.
— violet, de Tours.
Chicorée corne de cerf, *de Rouen.*

Chicorée de Meaux.
* — mousse, *espèce précieuse.*
Courge potiron vert, noirâtre, *très-*
doux. Sucrière ou sucrine
du Brésil?
Pourpier doré, à très-large feuille.

M. MONCELET,

Jardinier au Mans, rue de Coëffort.

Une citrouille [pastèque, melon d'eau, *Cucurbita citrullus? Écorce lisse*
marbrée, d'Afrique. Feuilles profondément découpées.

M. LORIOT,

Jardinier au Mans, chez M. Foulard.

Un potiron blanc, *Cucurbita pepo, var. alba. Variété curieuse, à écorce*
unie et très-blanche, obtenue de semis par l'exposant.

M. BOUGARD, Louis,

Jardinier-pépiniériste, rue du Sépulcre, 20, au Mans.

Fruits.

Poire Archiduc Charles.
— Angélique de Rome.
— Beurré Mortefontaine.
— roux.
— d'Aremberg.
— vert.
— d'Argenson.
— gris d'hiver.
— Picquery.
— de Beaumont.
— Duval.
— d'Enghien.
— rouge.
— d'Amanlis, ordinaire.
— *panaché.*
— gris d'Amboise.
— de Bonchamps.
— incomparable ou magnifique, ou royale.
— Chaumontel *nouveau.*
— ordinaire.
— de Montgérou.
— gris supérieur.
— Desvignes.
— Curtet.
— Quetelet.
— Moiret.
— de Flandre.
— de Wetteren.
— Hannecher.
— Gens.
— Spence.
— du Vernis.
— belle de Flandre.
— et bonne.
— alliance.
— de Jersey.
— épine Dumas.
— bonne de Malines.
— d'Ezée.
— Louise d'Avranches.
— Bonchrétien Napoléon ou captif Sainte-Hélène.
— René ou Noirschain.
— d'hiver.
— de Bruxelles.
— Bifère.
— Bergamote Drouet.
— Fiévé.
— Bernard.
— d'automne.
— en forme de pomme.
— Bezy de Montigny.
— des Vétérans.
— de Caissoy.
— Comte de Lamy.

Poire Coudaigre.
— Callebasse.
— Colmar Nélis.
— d'automne.
— Van Mons.
— d'Aremberg.
— Curé.
— Comte de Flandre.
— colorée d'août.
— Canning.
— Duchesse d'Angoulême.
— délices Van Mons.
— d'Hardenpont.
— Dauphine.
— Duchesse de Mars.
— d'Enhovenir.
— Doyenné gris.
— d'hiver.
— Sieulle.
— roux.
— Boussoch.
— musqué.
— d'Alençon.
— Robin.
— Deschamps de Parmentier.
— de Boulogne.
— excellentissime.
— Figue d'Alençon.
— Fortunée de Parmentier.
— fondante des Charneuses.
— de Brest.
— des bois.
— de Jaklaër.
— de Lille.
— Frédéric de Wurtemberg.
— grosse royale.
— Henriette.
— incomparable Hacon's.
— Jolivet.
— Joséphine de Malines.
— Léon Leclerc.
— longue verte.
— Louise de Boulogne.
— Louise de Prusse.
— Marie-Louise Delcourt.
— Martin sec.
— Messire Jean doré.
— Marquise d'hiver.
— merveille d'hiver.
— mes délices.
— nouvelle Boussac.
— nouveau Poiteau.
— passe Colmar doré.
— Philippe de France.
— Réville de Tours.
— Saint-Germain, ordinaire.

Poire Saint-Germain, *nouveau*.
— Saint Michel-Archange.
— Saint Marc.
— Saint Jean-Baptiste.
— soldat laboureur.
— Sanguine d'Italie.
— Tarquin des Pyrénées.
— Tardive de Mons.
— Triomphe de Louvain.
— trente onces.
— Williams.
— Van Mons.
— verte longue, panachée.
— verte.
— d'été.
— Waterloo.
— Gloria Mundi.
— grand Alexandre.
Prune abricot.

Prune Couestche.
— d'Agen.
— Impériale, violette.
— Reine Claude, de Bavay.
— violette.
— Pond's Seedling.
— Impératrice diadème.
— Reine Claude Victoria.
— Washington.
— Coé Golden drop.
— de Montfort.
— Reine Victoria.
Cerise tardive du Mans.
— Admirable de Soissons.
Raisin Froc-la-Boullaye.
— terre promise.
— Vermentinois , *Malvoisie à gros grains.*
— gros Gromier du Cantal.

M. DAVID DIT JASMIN,

Jardinier-pépiniériste au Mans, rue de la Fuie.

Poire belle Angevine.
— de Bruxelles.
— épine Dumas.
— Beurré d'Amanlis.
— d'Hardenpont.
— d'Aremberg.
— aurore.
— Goubault.
— incomparable ou royale.
— Noisette d'Angleterre.
— Picquery.
— Vaumorin.
— William.
— Bezy de Chaumontel.
— de Montigny.
— des Vétérans.
— Bonchrétien Napoléon.
— bonne Louise d'Avranches.
— Calebasse royale.
— Colmar d'Aremberg.
— des Charnais.

Poire Colmar des Invalides.
— Doyenné d'hiver.
— *nouveau.*
— Defais.
— Goubault.
— gris.
— Saint Michel.
— Sieulle.
— Duchesse d'Angoulême.
— *panachée.*
— fondante des bois.
— Gile-O-Gile.
— gros Lucas.
— Henri IV.
— Milan d'hiver.
— passe Colmar gris.
— Massineau ou Massoneau.
— de Livre.
— Sageret.
— de Saint-Lezin ou de Curé.
— soldat laboureur.

M. LEFEBVRE,

Jardinier-pépiniériste à Sablé (Sarthe).

Légumes.

Melon prescott à fond blanc.
— prescott à fond noir.

Melon prescott, croisé des fonds noir et blanc.
Melongène ou Aubergine violette.

Fruits.

Poire Angélique de Bordeaux.
— belle Angévine.
— de Bruxelles.
— Bergamote de Pâques.
— de Parthenay.
— Beurré d'Amanlis.
— d'Angleterre.
— d'Aremberg.
— de Beaumont.
— Bruneau.
— gris.
— gris d'hiver.
— gris de Luçon.
— Moiret.
— royal ou magnifique.
— sans pareil.
— Bezy de Chaumontel.
— de la Motte.
— des Vétérans.
— Colmar d'Aremberg.
— Creterles.
— Doyenné Boussoch.
— d'hiver.
— d'hiver, d'Alençon.

Poire Doyenné gris.
— musqué.
— rose.
— Sieulle.
— Duchesse d'Angoulême.
— *panachée.*
— fortunée de Parmentier.
— Gile-O-Gile.
— Hessel.
— jalousie de Fontenay.
— de Livre.
— Milan blanc.
— Mussel.
— Pater Noster.
— soldat laboureur.
— Van Mons, Léon Leclerc.
— Verte longue, ordinaire.
— Verte longue, grosse, d'été.
— William.
Pêche grosse mignonne.
— Madeleine.
Raisin chasselas de Fontainebleau.
— rose.

M. BERGEOT, Julien,

Jardinier-pépiniériste au Mans, rue de l'Abbaye, 25, et rue de Ballon.

Poire belle de Bruxelles.
— Beurré d'Amanlis.
— d'Aremberg.
— de Beaumont.
— Defais.
— Giffart.
— gris d'hiver, *nouveau.*
— Moiret.
— Noirschain.
— Picquery,
— royal.
— roux.
— Bonchrétien d'hiver.
— Napoléon.
— de Rance ou Beurré de Rance
— bonne de Malines.
— Louise d'Avranches.
— de Soulers.
— Bezy de Chaumontel.
— de Chaumontel Parmentier.
— des Vétérans.
— Calebasse Bosc.
— Citron des Carmes.
— Colmar d'Aremberg.
— Van Mons.
— Comtesse de Tervueren.
— Cuisse-Madame.
— double Amand Suette.
— Doyenné Boussoch.

Poire Doyenné du Comice.
— Defais.
— d'été, *nouveau.*
— Goubault.
— d'hiver.
— musqué.
— de Saint-Michel.
— roux, galeux.
— Duchesse d'Angoulême.
— de Berry.
— grosse Angleterre, de Noisette.
— verte longue, d'été.
— Saint Germain d'hiver.
— Saint Germain d'été.
— Milan d'été ou Beurré blanc.
— passe Colmar doré.
— Pater Noster
— de Curé.
— Figue.
— de Livre.
— de quarante onces.
— royale d'hiver.
— soldat laboureur.
— triomphe de Jodoigne.
— Van Mons, Léon Leclerc.
— Vaumorin.
— William.
Prune monstrueuse de Bavay.
— d'Agen.

M. LE COMTE,

Propriétaire à Juillé, près Beaumont-sur-Sarthe.

Pêche belle Beauce.
— de Vitry.
— de Malte.
— mignonne hâtive.
— mignonne, la grosse.
— grosse noire de Montreuil, *introduite dans la culture du pays par M. Lecomte.*
Prune d'Abricot violet.
— Dame Aubert.
— Reine Claude, ordinaire.
— Reine Claude de Bavay.
Cerise guigne du Maine.
— du Nord.
— royale tardive.
Poire bonne Louise d'Avranches.

Poire Beurré d'Amanlis.
— Duchesse d'Angoulême.
— Milan d'été ou Beurré blanc.
— royale d'été.
— William.
Pomme à la mode.
— Cocagne.
— Coussinet.
— Poire.
— Rembourg d'été.
— Reinette du Canada.
— Rosat.
Raisin Cornichon blanc.
— Gromier du Cantal.
— terre promise.
Groseille cerise.

M. NAY,

Jardinier au Mans, rue Garnier.

Poire belle de Troyes.
— Beurré d'Amanlis.
— aurore.
— bonne Louise d'Avranches.
— Colmar d'Aremberg.
— Doyenné d'hiver.
— doré.
— roux.

Poire Duchesse d'Angoulême.
— d'Angoulême, panachée.
— Gile-O-Gile.
— gloire de Cambronne.
— de Livre.
— verte longue, précoce.
— William.
Raisin chasselas blanc.

M. PROVOST, GEORGES,

Jardinier au Mans, rue de Bourg-Belay.

Betterave rouge ordinaire.
Carottes, 3 *espèces.*
Céleri, 2 *espèces.*
Chicorée, 2 *espèces.*
— scarole verte.

Chou-fleur une belle tête.
Choux pommés, 3 *espèces.*
Ognon blond.
Poireau long.

Fruits.

Chasselas blanc.

Cet exposant ne nous ayant pas fourni son catalogue, nous nous trouvons dans l'impossibilité de signaler le nom de tous ses légumes, qui étaient au nombre de vingt et une espèces.

M. LAMBERT, Baptiste,

Jardinier à la Mariette, commune de Sainte-Croix.

Haricot arbuste.	Haricot d'Espagne, rouge.
— beurre blanc.	— d'Espagne, blanc.
— beurre noir ou Haricot cire, ou d'Alger.	— fertile, précoce.
— Bufallot.	— gigantesque.
— blanc de Chevillé.	— panaché, rouge.
— Coco blanc.	— sabre.
— Coco noir.	— Soissons, plat.
— Comtesse Gambart.	— Soissons, petit.
	— solitaire.

En portant à la connaissance de nos concitoyens le catalogue des légumes et des fruits exposés pendant les 31 août, 2 et 3 septembre 1854, nous avons rempli une tâche bien agréable ; car les 15 à 20,000 visiteurs qui ont honoré de leur présence notre exposition pendant ces trois jours, auront tous remarqué, comme nous, la beauté, la grosseur, la nouveauté et la rareté des légumes et des fruits que nos jardiniers du Mans avaient obtenus pour cette grande fête d'horticulture. L'époque trop rapprochée de cette exposition, une incroyable sécheresse trop persistante, et même l'absence de chaleur pendant le printemps et l'été de cette année, n'ont pas vaincu leurs efforts et ne les ont pas empêchés d'atteindre le but que la commission leur avait marqué.

Honneur donc à leurs intelligents travaux couronnés de succès, honneur aussi à l'empressement qu'ils ont mis à répondre à l'appel de la commission.

Mais en témoignant notre juste reconnaissance aux jardiniers qui ont couvert abondamment de si beaux légumes et de si nombreux et bons fruits les tables de l'exposition, qu'il nous soit permis aussi de rappeler avec un égal plaisir, et avec toute gratitude, la part notable que plusieurs amateurs de la ville du Mans et du département ont bien voulu y prendre. Afin d'être juste envers tous ceux qui ont concouru au brillant résultat de cette exposition , nous ne voulons pas oublier les objets suivants :

1° M. Edouard GUÉRANGER , président de la société d'Agriculture , Sciences et Arts de la Sarthe , a exposé une grosse *Betterave rouge* et une *grosse Betterave jaune, de Castelnaudary,* très-remarquables toutes deux par leur grand développement ; il avait reçu des graines de ces belles espèces, *du Jardin des Plantes de Paris.* M. Guéranger avait encore apporté *la Betterave jaune, ronde, dite Globe jaune ,* considérée comme une précieuse acquisition pour la grande culture, et il avait ajouté à ces trois bonnes espèces de betterave , un pied en pot de *Momordica charantia ,* et des graines *de Chou-marin ou Crambe maritima,* excellent légume très-cultivé en Angleterre et que nous regrettons de voir laissé, en France, dans l'oubli. Ces graines proviennent de sa culture.

2° M. de TALHOUET , membre du conseil général de la Sarthe ; chacun a dû être frappé de son envoi de fruits, parmi lesquels on remarquait des poires de *William* et de *Duchesse ,* très-belles ; mais ce qui attirait surtout l'attention des visiteurs, c'étaient d'énormes grappes de *Raisin* à grains fort gros et bien mûrs, de l'espèce dite *Froc-la-Boullaye.*

3° M. ROUSSEL , propriétaire à Orthes, a exposé les quatre variétés *de Pommes de terre* suivantes , sur lesquelles nous appelons l'attention des agriculteurs : 1° *L'OEil violet,* à petits yeux, *Pink eyed ,* la plus hâtive des grosses pommes de terre ; elle n'a pas encore eu , dit M. Roussel , de maladie à Orthes ; 2° *La Pomme de terre rouge ,* la plus tardive, exempte aussi, jusqu'à ce moment, de maladie à Orthes ; 3° *La Truffe d'août* ou la précoce de Paris, à peau fine et rose , d'excellente qualité et de bonne garde, l'une des meilleures des jardins ; 4° *La grosse Patraque jaune ,* c'est la pomme de terre la plus cultivée des environs de Paris, surtout pour les féculeries.

4° M. DELAPORTE , agriculteur et maire à Oizé, avait aussi envoyé à l'exposition une tige de *Chou-vert dit le Chou cavalier* ou *grand Chou à vache*, espèce très-employée dans les fermes et très-utile à la nourriture des bestiaux. Ce chou, que nos visiteurs regardaient tous avec le plus grand étonnement, à cause de sa taille, pouvait bien certainement s'appeler *le Chou en arbre*, car sa haute tige s'élevait à plus de trois mètres. Nous regrettons que, par un oubli involontaire, l'exposition n'ait pas été embellie par l'envoi d'un ou deux melons du *gros Cantaloup noir de Hollande*, variété qui, chez cet habile agriculteur, parvient ordinairement, et en plein air, à un poids considérable et à une parfaite maturité.

5° M. VERGER, propriétaire au Lude, nous a adressé un *Potiron* monstrueux, du poids de 48 kilogrammes. Les lignes saillantes réticulées, entre-croisées, qui recouvraient l'écorce de ce beau fruit maraîcher, ont motivé le nom de *Potiron brodé*, sous lequel on nous l'a remis.

6° M. Joseph de LINIÈRES, propriétaire à Fillé-Guécélard, s'est aussi empressé, en envoyant à l'exposition trois énormes betteraves de la variété dite *Betterave champêtre* ou *Racine de disette*, de prouver que la terre douce et profonde du Gros-Chenay sait répondre aux soins intelligents qu'on lui donne.

7° M. BERARD fils, propriétaire à Pontlieue, a offert de son côté, en caisse, une plante bien intéressante par son origine et la couleur jaune de sa chair, c'est la *Pomme de terre des Cordillières*, probablement la souche primitive d'où dérivent toutes les nombreuses variétés de pommes de terre jaunes que nous cultivons en France.

8° Nous mentionnons particulièrement M. LE ROY, maître de poste à la Lune, commune de Joué-en-Charnie, pour les *Ognons* dits *de Niort*, qu'il a présentés. Nous le félicitons du résultat de cette belle et étonnante culture. Ces ognons, que nous avons mesurés, portaient depuis 58 jusqu'à 45 centimètres de tour.

9° Nous n'oublions pas non plus une belle corbeille d'*Ognons blancs*, aussi fort beaux, provenant des semis de M. CHOISEAU, propriétaire.

10° Enfin, nous terminons ce volumineux catalogue par une espèce de *Pomme de terre* très-remarquable, que M. Chartier, Edouard, propriétaire, avait déposée à l'exposition. Voici ses caractères : Elle est fort grosse, chargée de nombreux tubercules, et sa chair est jaune. On lui attribue, dit-on, le nom *d'Anglaise*. Quoi qu'il en soit de ses qualités, que nous n'avons pu éprouver, nous la signalons cependant comme fort remarquable, et comme ayant de très-grands rapports avec celle que nous avons indiquée dans l'exposition de M. Desille.

V

OBJETS D'ART

SE RAPPORTANT A L'HORTICULTURE.

Une statue de Flore, moulée en plâtre.

M. LAUNAY,

Horticulteur à Sainte-Croix.

Une jardinière en bois naturel verni.
Collection des outils de jardinage imités en bois.

M. PICHON,

Grande-Rue, au Mans.

Une jardinière en bois naturel verni.

M. GIRARD,

Rue Saint-Victeur, 3, au Mans.

Une jardinière en bois naturel verni.
Quatre corbeilles en bois naturel verni.
Deux corbeilles à support, en bois naturel verni.

M. SAUVAGE,

Ébéniste, rue de la Blanchisserie, 20, au Mans.

Quinze couvre-pots en carton historié.

M. MARIETTE,

Serrurier, place de l'Eperon, au Mans.

Un parasol chinois, en fer, destiné à soutenir des plantes grimpantes ; plusieurs siéges en fer, de forme variée.

M. FOULARD,

Membre du jury, au Mans.

Un haut-cueille-taille, *tall-pick-Lop*, instrument fort commode pour cueillir des fleurs ou des fruits à une grande hauteur.

M. SIMON,

Poêlier, rue du Porc-Epic, au Mans.

Plusieurs pompes de jardinage qui ont rendu les plus grands services dans la salle de l'exposition.

LISTE ALPHABÉTIQUE DES NOMS DES EXPOSANTS.

Girard............... 63

Guéranger, Edouard.... 61-75

Guibert.............. 25

Guimont............. 55

Husset, Eugène....... . 48

Jasmin.............. 23-57

Lambert, Baptiste...... 60

Launay.............. 63

Lebatteux........... 26

Lebesle............. 15

Lebreton............ 54

Lecomte............ 59-75

Lefebvre, Louis, *amateur*. 26

Lefebvre, *jard. à Sablé.* 57-75

Legendre.... 15

Leroux.............. 26

Leroy, *amat. à Ste-Croix.* 14

Leroy, *agricult. à Joué..* 62

Lévrard............. 50

Linières (de).......... 62

Mariette.............. 64

Moncelet............ 55-75

Moulin aîné........... 27

Moulin, Eugène........ 29

Nay................. 30-59

Nicolaï (de)........... 75

Pellier, Alfred......... 30

Pichon.............. 31-52

Poirier-Angeard........ 32

Plot................ 51-75

Provost............. 59

Ragot.............. 51

Richard, Louis........ 49

Richebourg (de)...... 14-44-75

Roussel............. 61-75

Sauvage............. 64

Simon.............. 64

Surmont............. 14-74

Talhouet (de)........ 61-75

Tassin.............. 15

Tireau.............. 14

Verger.............. 62-75

Vétillard.......,... 14-21-44-75

Vindrin............. 32-53-75

DISTRIBUTION DES RÉCOMPENSES.

SÉANCE DU 5 SEPTEMBRE 1851.

La réunion est présidée par M. le préfet, assisté de M. le général commandant la division du Mans, M. le maire de la ville du Mans, M. le président du tribunal, M. le colonel de la Garde nationale, un grand nombre de MM. les membres du Conseil général, de la Société d'Agriculture, et ceux des membres du jury qui ne sont pas empêchés.

Mmes les patronesses, placées dans une enceinte réservée, reçoivent chacune un bouquet offert par les exposants.

Nous aurions été heureux de pouvoir conserver, dans ce compte rendu, les expressions par lesquelles notre premier magistrat signale les efforts de son administration pour encourager tout ce qui peut exciter le progrès ou augmenter la prospérité dans le pays. Les sentiments exprimés dans cette improvisation , accueillis avec empressement par l'assemblée, ont été vivement applaudis.

ALLOCUTION DU PRÉSIDENT DU JURY.

Monsieur le Préfet, Messieurs les membres du Conseil général ,

Ce n'est plus moi, dans ce moment, qui suis chargé de vous exprimer la reconnaissance générale , c'est le pays lui-même qui, réuni dans cette enceinte, est venu applaudir à votre pensée. Vous avez fondé, Messieurs, une institution utile et dont les résultats futurs sont aujourd'hui incalculables.

M. le maire du Mans et son conseil municipal ont voulu partager avec vous le mérite de cette œuvre de progrès.

Vous avez aussi été secondés par la société d'Agriculture, Sciences et Arts de la Sarthe, à laquelle vous avez confié le soin d'organiser notre exposition. Le jury qu'elle a choisi dans son sein et qu'elle a complété en désignant plusieurs amateurs d'horticulture, qu'elle n'a pas l'avantage de compter au nombre de ses membres, a déployé un zèle dont il ne m'appartient pas de faire l'éloge.

Cette Société a profité de l'occasion qui lui était offerte pour propager, dans le pays, quelques nouveaux légumes.

La société d'Horticulture , qui vient de se fonder, a débuté, dans sa carrière , par un don généreux qui est venu relever notre courage dans un moment où, l'abondance de nos richesses se multipliant au delà de nos espérances , nous étions obligés de calculer trop sévèrement nos dépenses.

Un comité de dames a daigné se charger d'organiser une loterie au profit de notre œuvre, et la rapidité avec laquelle les billets se sont placés, sous leurs gracieux auspices, nous a fait regretter de n'en avoir pas délivré un plus grand nombre.

C'est donc sur vous, Mesdames, et sur vous, Messieurs , que j'appellerais la reconnaissance publique si l'empressement des exposants et la satisfaction des visiteurs n'était , à mes yeux, une récompense bien autrement éloquente que toutes les paroles que je pourrais prononcer.

Et vous, nos amis, vous avec qui nous partageons notre vie depuis quelques jours, enorgueillissez-vous de votre triomphe : l'exposition de vos produits dépasse ce qui se fait chez nos voisins, mais ne perdez pas de vue que ce début vous oblige. Nous constatons avec bonheur et avec surprise l'état actuel de vos cultures florales et maraîchères. On vous avait calomniés en répétant que le jardinage était chez nous dans l'enfance ; il est acquis, au contraire, que vous n'avez pas aujourd'hui à redouter la concurrence étrangère. Mais prenez garde qu'éblouis de vos succès vous ne vous endormiez dans une sécurité dangereuse. Une plante qui ne croît plus chez vous périt bientôt, il en serait de même de votre industrie si vous vous arrêtiez dans le chemin du progrès.

Je ne terminerai pas, Messieurs, ces quelques paroles sympathiques rassemblées à la hâte, au milieu de l'agitation de ces derniers jours, sans me faire l'organe du jury tout entier pour remercier les amateurs sarthois qui sont venus déposer à notre exposition des collections aussi remarquables de fruits, de légumes et de plantes précieuses. Ils ont dignement concouru à l'embellissement de notre fête modeste dont le rôle était de terminer humblement la série des fêtes, bien plus brillantes, qui ont jeté, dans notre cité paisible, une animation si peu accoutumée.

PROCLAMATION

*Des récompenses accordées aux jardiniers dont les noms suivent,
par le jury de l'exposition d'horticulture.*

HORTICULTURE MARAICHÈRE.

Article Premier.

Médaille d'honneur, en vermeil,

Offerte par la VILLE DU MANS au jardinier dont l'*ensemble* de cultures potagères a été jugé le plus méritant.

Ex æquo. { MM. FLEURIAU, jardinier à Saint-Pavin.
Bonhommet, jardinier, rue du Bourg-Belay.

Il a été arrêté, dans le programme, que ceux qui auront obtenu cette médaille ne pourront être compris, dans les autres concours, que pour des *mentions honorables.*

Fruits.

Art. 2.

Concours pour le plus beau des fruits présentés.

1er Prix. — *Médaille d'argent.*

M. Berault, jardinier de M. de Nicolaï, à Montfort, pour ses *Ananas.*

2e Prix. — *Médaille de bronze.*

M. Lecomte, amateur, demeurant à Juillé, près Beaumont, pour ses *très-belles pêches.*

Art. 3.

Concours pour la collection de fruits la plus variée et la plus complète.

1er Prix. — *Médaille d'argent.*

Ex æquo. { MM. David dit Jasmin, jardinier, rue de la Fuie.
Lefebvre, jardinier à Sablé.

2e Prix. — *Médaille de bronze.*

Ex æquo. { Richard, Louis, jardinier, rue des Maillets.
Vindrin, jardinier à la Bazoge.

Mentions honorables.

MM. Bougard, Louis, jardinier, rue du Sépulcre.
Bergeot, Julien, jardinier, rue de l'Abbaye-St-Vincent.

Art. 4.

Concours pour la meilleure espèce de fruits introduite nouvellement dans la culture locale.

1er Prix. — *Médaille d'argent.*

M. Pichon, jardinier de M. Guilloud, à Vivoin, *pour des espèces de pomme venant d'Amérique.*

2e Prix. — *Médaille de bronze.*

M. Lecomte, à Juillé, pour une nouvelle pêche.

Mentions honorables.

MM. Bougard, Louis, rue du Sépulcre, au Mans.
Lebatteux, jardinier au Mans, rue de Tessé.
David dit Jasmin, jardinier, rue de la Fuie.
Bergeot, Julien, jardinier, rue de l'Abbaye-St-Vincent.

Légumes.

Art. 5.

Concours pour les légumes de toute nature (nouveauté).

1er Prix. — *Médaille d'argent.*

Ex æquo. {
MM. Engoulvent, Georges, jardinier, rue Saint-Gilles.
Husset, Eugène, jardinier, rue de la Madeleine.
}

2e Prix. — *Médaille de bronze.*

M. Chevreux, René, jardinier, rue du Bourg-Belay.

Mentions honorables.

MM. Engoulvent, Marin, jardinier, rue du Bourg-Belay.
Bonhommet, jardinier, rue du Bourg-Belay.
Fleuriau, jardinier à Saint-Pavin.

Art. 6.

Concours pour les légumes de toute nature (beauté et qualité).

1er Prix. — *Médaille d'argent.*

M. Levrard, jardinier, rue Verte.

2ᵉ Prix. — *Médaille de bronze.*

Ex œquo. { MM. DESILLE, jardinier, rue de Coëffort.
PLOT, Louis, jardinier, rue Basse.

Mentions honorables.

MM. HUSSET, Eugène, jardinier, rue de la Madeleine.
RAGOT, jardinier de M. Langlois, à Lombron.
FLEURIAU, à Saint-Pavin.

ART. 7.

Concours pour les légumes de toute nature (nombre et variété).

1ᵉʳ Prix. — *Médaille d'argent.*

M. RAGOT, jardinier de M. Langlois, à Lombron.

2ᵉ Prix. — *Médaille de bronze.*

Ex œquo. { MM. ENGOULVENT, Georges, rue Saint-Gilles.
HUSSET, Eugène, rue de la Madeleine.

Mentions honorables.

MM. BAZOGE, jardinier, rue des Mûriers.
LAMBERT, Jean, jardinier à la Mariette.
LEBRETON, jardinier avenue de Pontlieue.
PROVOST, jardinier au Bourg-Belay.

HORTICULTURE FLORALE.

ART. 8.

Médaille d'honneur, en vermeil,

Offerte par la VILLE DU MANS au jardinier-fleuriste dont
l'*ensemble* des cultures a été reconnu le plus remarquable.

Ex œquo. { MM. TASSIN, jardinier, rue des Bons-Enfants, à
Sainte-Croix.
BOUGARD, Louis, jardinier, rue du Sépulcre.

Il a été arrêté dans le programme que ceux qui auront obtenu cette médaille ne pourront être compris dans les autres concours que pour des mentions honorables.

Plantes d'agrément.

ART. 9.

Concours pour les plantes de pleine terre, bulbeuses ou autres, coupées ou en pot, en état de floraison.

1er Prix. — *Médaille d'argent.*

Ex æquo. { MM. MOULIN ainé, jardinier, quai de la rive droite.
PELLIER, Alfred, amateur à Sainte-Croix.

2e Prix. — *Médaille de bronze.*

M. LEBATTEUX, jardinier, rue de Tessé.

Mentions honorables.

MM. TASSIN, rue des Bons-Enfants.
BOUGARD, rue du Sépulcre.

ART. 10.

Concours pour les plantes de serre, bulbeuses ou autres, coupées ou en pot, en état de floraison.

1er Prix. — *Médaille d'argent :*

M. MOULIN, Eugène, jardinier, ruelle Saint-Martin.

2o Prix. — *Médaille de bronze.*

M. BERGEOT, jardinier, rue de l'Abbaye-Saint-Vincent.

Mentions honorables.

MM. TASSIN, jardinier, rue des Bons-Enfants, à Sainte-Croix.
BOUGARD, jardinier, rue du Sépulcre.
MOULIN ainé, jardinier, quai de la rive droite.
PELLIER Alfred, amateur à Sainte-Croix.

Art. 11.

Concours pour les plantes annuelles, coupées ou en pot, en état de floraison.

1er Prix. — *Médaille d'argent.*

M. BORDERON, Louis, jardinier, rue des Maillets.

2e Prix. — *Médaille de bronze.*

Ex æquo. { MM. GUIBERT, jardinier, rue Sainte-Croix.
FREULON dit LA ROSE, jardinier, rue Belon.

Mentions honorables.

MM. BERAULT, jardinier de M. de Nicolaï, pour ses belles pyramides de Reines-Marguerites.
BEAUVAIS, jardinier, rue du Greffier.
BERGEOT, rue de l'Abbaye-Saint-Vincent.

Art. 12.

Concours pour la collection la plus méritante de plantes. (Plantes grasses, etc.)

1er Prix. — *Médaille d'argent.*

M. BOURGETEL, jardinier de M. de Gourgues, propriétaire près Mamers.

2e Prix. — *Médaille de bronze.*

M. CHOPLIN, Auguste, jardinier de M. Marcellin Vétillart, à Pontlieue.

Mentions honorables.

MM. TASSIN, jardinier, rue des Bons-Enfants, à Sainte-Croix.
BOUGARD, jardinier, rue du Sépulcre.

Arbustes.

Art. 13.

Concours pour les arbustes de pleine terre, avec ou sans fleurs.

1er Prix. — *Médaille d'argent.*

M. DAVID dit JASMIN, rue de la Fuie.

2ᵉ Prix. *Médaille de bronze.*

M. MOULIN aîné, jardinier, quai de la rive droite.

Mentions honorables.

MM. PICHON, jardinier de M. Guillou, à Vivoin.
VINDRIN, jardinier à la Bazoge.

ART. 14.

Concours pour les arbustes de serre, avec ou sans fleurs.

1ᵉʳ Prix. — *Médaille d'argent.*

M. MOULIN, Eugène, jardinier, ruelle Saint-Martin.

2ᵉ Prix. — *Médaille de bronze.*

M. BERGEOT, Julien, jardinier, rue de l'Abbaye-St-Vincent.

Mentions honorables.

MM. BOUGARD, jardinier, rue du Sépulcre.
TASSIN, jardinier, rue des Bons-Enfants, à Sainte-Croix.
PELLIER, Alfred, amateur à Sainte-Croix.
CHOPLIN, Auguste, jardinier de M. Marcellin Vétillart.

ART. 15.

Concours pour les arbustes de pleine terre ou de serre, nouvellement introduits dans la culture locale, avec ou sans fleurs.

1ᵉʳ Prix. — *Médaille d'argent.*

M. MOULIN aîné, quai de la rive droite.

2ᵉ Prix. — *Médaille de bronze.*

M. DAVID dit JASMIN.

(*Sans Mentions honorables.*)

ART. 16.

Concours pour la collection la plus méritante, soit par le

nombre, soit par la variété, d'arbustes fleuris de pleine terre ou de serre.

1er Prix. — *Médaille d'argent.*

Ex æquo. { MM. Moulin aîné.
Moulin, Eugène.

2e Prix. — *Médaille de bronze.*

M. Beauvais, jardinier, rue du Greffier.

Mentions honorables.

MM. Tassin, jardinier, rue des Bons-Enfants, à Sainte-Croix.
Bougard, jardinier, rue du Sépulcre.

Après cette proclamation on a procédé au tirage de la loterie, dont la nature des lots a quelquefois égayé l'assistance par la bizarrerie du sort.

LOTERIE DE L'EXPOSITION.

La loterie dont il est fait mention au programme a été organisée par les soins de Mme Migneret, *présidente*, et de Mmes D'Elchingen, Marcel, Surmont, Le Couteux, André, Pl. Vallée, Monnoyer, Latouche, Boutroux, Grimault, De Vauguyon, De La Boussinière, Chalot, Allain. Sous un patronage aussi distingué les billets se sont trouvés bien éloignés du nombre nécessaire pour satisfaire aux désirs de toutes les personnes qui en demandaient avec la plus vive insistance.

Plusieurs exposants avaient abandonné tout ou partie de leur exposition au profit de la loterie ; ainsi :

M. Surmont, membre du jury, a offert sept plantes d'ornement ;

M. Foulard, membre du jury, une série nombreuse de fruits de cucurbitacées, et trois lots de pommes de terre *Comice d'Amiens* ;

M. DE RICHEBOURG, membre du jury, tous les beaux fruits de son exposition;

M. VÉTILLART, membre du jury, deux espèces de *Courge* et deux espèces de *Melon*;

M. GUÉRANGER, Éd., membre du jury, deux *Betteraves de Castelnaudary*, deux *Betteraves Globe jaune*, nouvelle espèce, un *Ipomea bona nox*, un paquet de graines de *Crambe maritima*;

M. DE NICOLAÏ, membre du conseil général, un *Ananas* choisi parmi ceux qu'il avait exposés;

M. MONCELET, jardinier-maraîcher, une *Pastèque* ou *Melon d'eau*;

M. ROUSSEL, quatre espèces de *Pommes de terre*;

M. VERGER, une *Courge* de dimension monstrueuse;

M. ENGOULVENT, Georges, jardinier-maraîcher, tous les *légumes* de son exposition;

M. VINDRIN, jardinier à la Bazoge, tous les *fruits* de son exposition;

M. LECOMTE, amateur à Beaumont, tous les *fruits* de son exposition;

M. FLEURIAU, jardinier-maraîcher, tous les *légumes* de son exposition;

M. DE TALHOUET, membre du conseil général, les *Poires* et les *magnifiques Raisins* de son exposition;

M. LEFEBVRE, jardinier à Sablé, presque tous les *fruits* de son exposition;

M. BONHOMMET, jardinier-maraîcher, tous les *légumes* de son exposition.

M. PLOT, jardinier-maraîcher, un *Bonnet d'électeur* et une *assiette de Raisin*.

Ces différents dons composaient 272 lots; les autres objets, consistant en plantes d'agrément, ont été achetés aux différents exposants moyennant 512 fr., dont 500 fr. obtenus par la loterie et le reste fourni par la caisse de l'exposition.

COMPTE DU TRÉSORIER.

RECETTES.

Première allocation du conseil général...........	500 f.	» c.
Allocation supplémentaire.....................	300	»
Don offert par la ville du Mans.................	100	»
Don offert par la société d'Horticulture..........	150	»
Produit de la loterie........................	300	»
Recettes aux heures de faveur.................	283	35
	1,633	35

DÉPENSES.

Menuiserie............................	273 f.	10 c.
Honoraires votés pour l'ornementation...........	50	»
Impressions de programmes et lettres de convocation.	61	50
Affichage et port de lettres de convocation........	10	50
Déplacement des plantes qui ont servi à orner la salle de l'exposition........................	79	50
Police de la salle, et musique.................	27	»
Arrosage et balayage de la salle...............	19	50
Éclairage pour le travail de nuit...............	12	»
Décorations et siéges pour la proclamation des récompenses...........................	88	50
Cartes blanches pour les étiquettes, et écritures diverses.............................	34	40
Un thermomètre..........................	1	50
Plantes achetées pour la loterie...............	312	35
Impression du compte rendu de l'exposition, à 400 exemplaires........................	292	»
Quarante médailles en vermeil, argent et bronze, fournies par M. Vaillant..................	390	»
Déficit, rempli par la société d'Agriculture...... 18 50		
Balance............. 1,651 85	1,651	85